サイパー思考力算数練習帳シリーズ

シリーズ３８

角度の基礎

小数範囲：小数までの四則計算が正確にできること。

◆ 本書の特長

１、図形の要素の一つである「角度」について、基礎から段階を踏んで詳しく説明しています。

２、自分ひとりで考えて解けるように工夫して作成されています。他のサイパー思考力算数練習帳と同様に、**教え込まなくても学習できる**ように構成されています。

３、角度とは何か、角度のはかり方から、三角形、平行など図形への応用、さらに時計の針の問題まで、基礎から中程度の応用問題まで詳しく説明しています。

◆ サイパー思考力算数練習帳シリーズについて

ある問題について同じ種類・同じレベルの問題をくりかえし練習することによって、確かな定着が得られます。

そこで、中学入試につながる文章題について、同種類・同レベルの問題をくりかえし練習することができる教材を作成しました。

◆ 指導上の注意

① 解けない問題、本人が悩んでいる問題については、お母さん（お父さん）が説明してあげて下さい。その時に、できるだけ具体的なものにたとえて説明してあげると良くわかります。

② お母さん（お父さん）はあくまでも補助で、問題を解くのはお子さん本人です。お子さんの達成感を満たすためには、「解き方」から「答」までの全てを教えてしまわないで下さい。教える場合はヒントを与える程度にしておき、本人が自力で答を出すのを待ってあげて下さい。

③ お子さんのやる気が低くなってきていると感じたら、無理にさせないで下さい。お子さんが興味を示す別の問題をさせるのも良いでしょう。

④ 丸付けは、その場でしてあげて下さい。フィードバック（自分のやった行為が正しいかどうか評価を受けること）は早ければ早いほど、本人の学習意欲と定着につながります。

もくじ

角の基礎

下の図を見て、用語を覚えましょう。

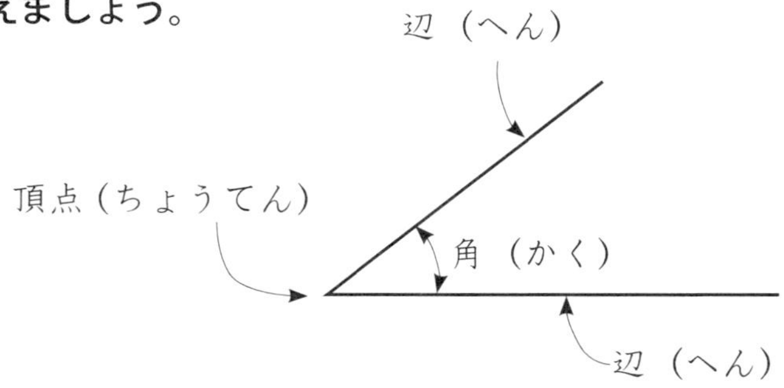

問題１、下の図の［　　　］に、正しい用語を書き入れなさい。

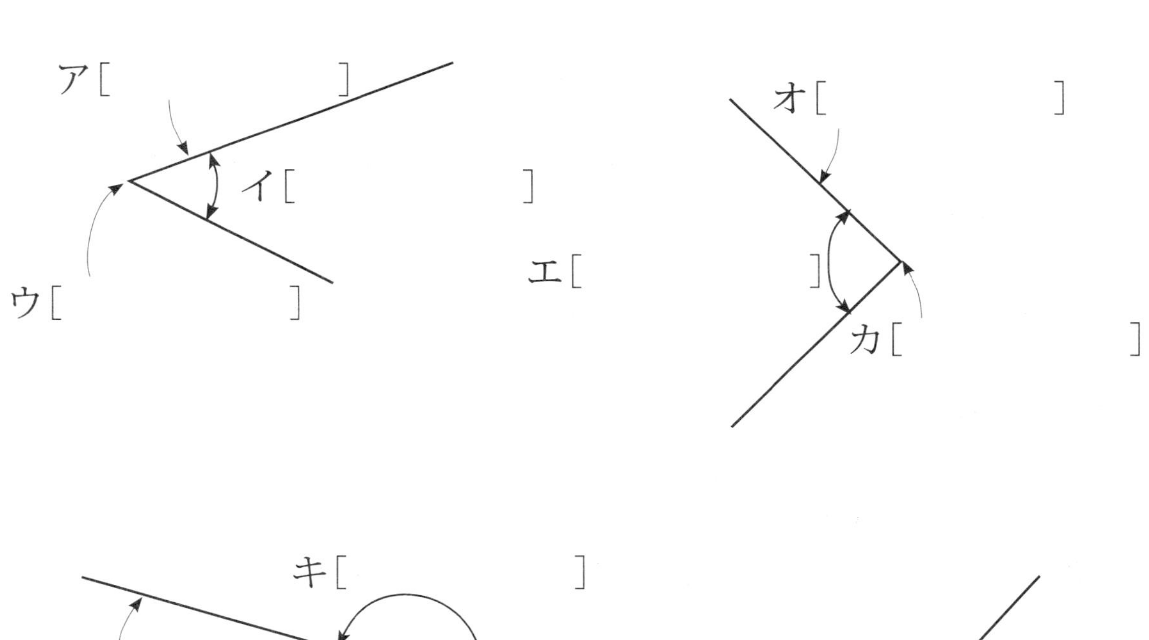

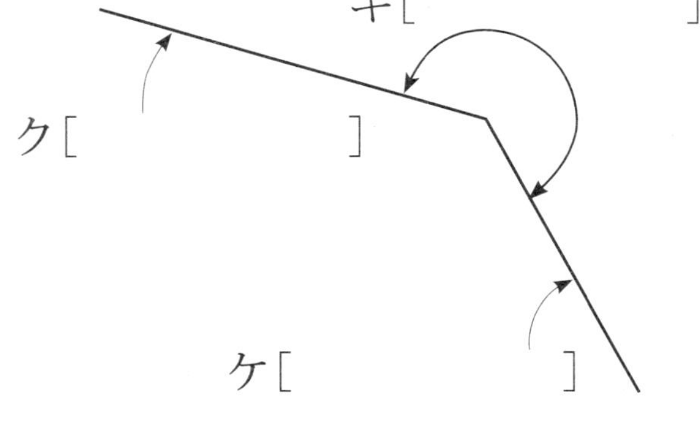

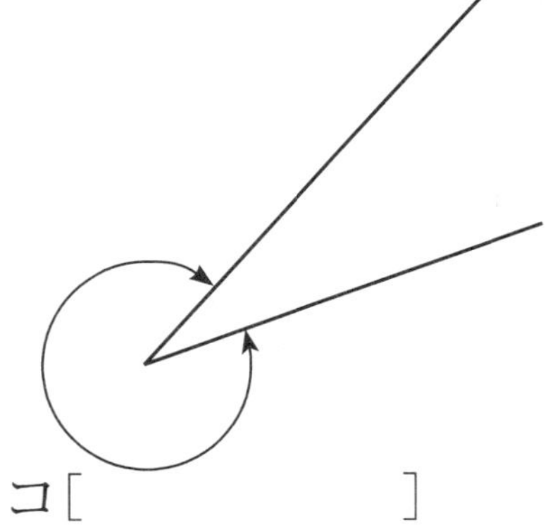

角の基礎

角度

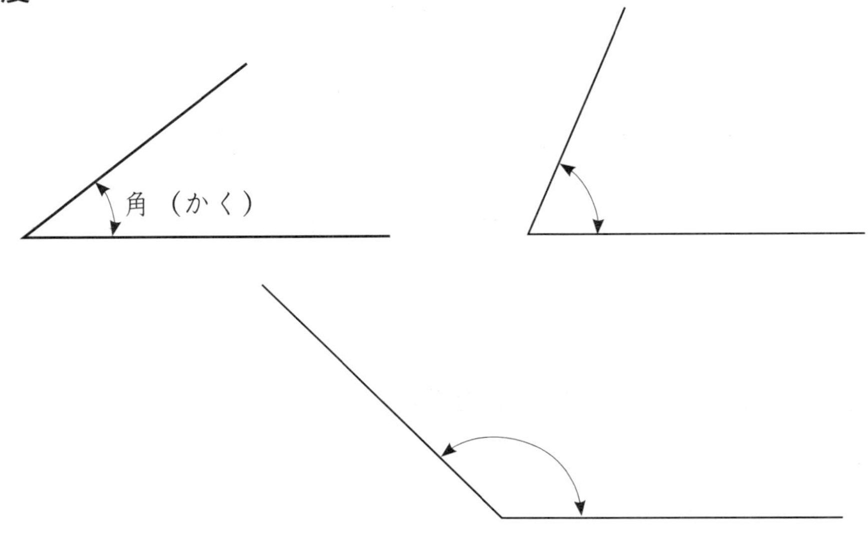

図の角の大きさ（角のはば、←→の長さ）のことを「角度」といいます。
また、角度を表す単位は「°」と書き、「ど」と読みます。

角度をはかるには、分度器という道具を使います。分度器の１めもりが１°です。

角度をはかる手順

1、分度器の中心を角の頂点に合わせます。
2、辺の１つを０°の線に合わせます。
3、もう一方の辺と重なったところのめもりを読みます。

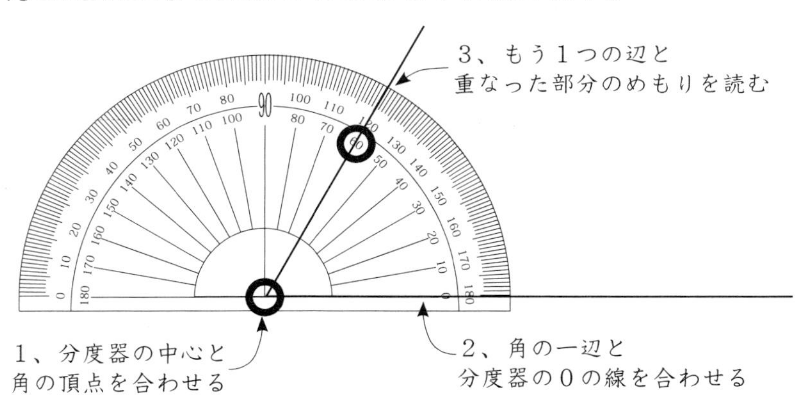

この場合、角度は＿６０°＿となります。

角の基礎

例題１

　これは何度でしょうか。

　６０°より３めもり小さいですね。ですから、これは＿５７°＿です。

　では、これは何度ですか。

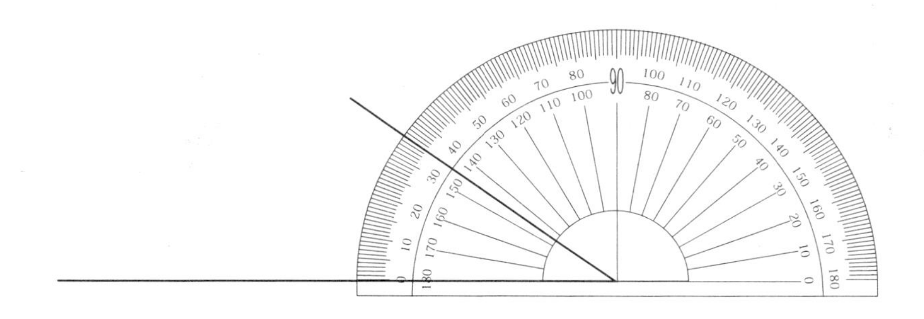

＿１４５°＿×　　ちがいますね。

　この場合、分度器の外側のめもりで０°を合わせていますので、同じ方のめもりで読まなければなりません。

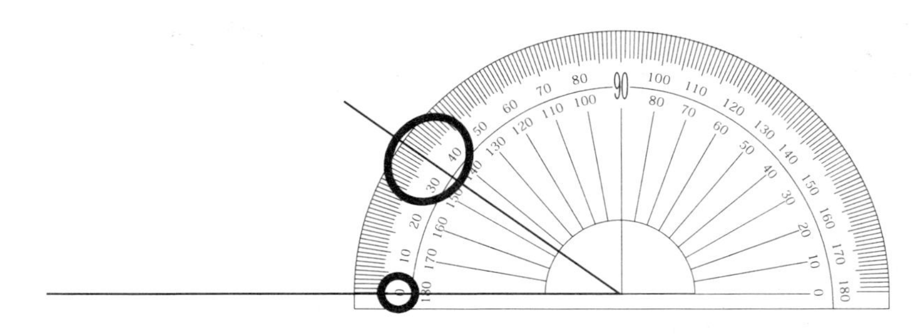

　答えは＿３５°＿です。

角の基礎

問題2、それぞれ次の角度を答えなさい。

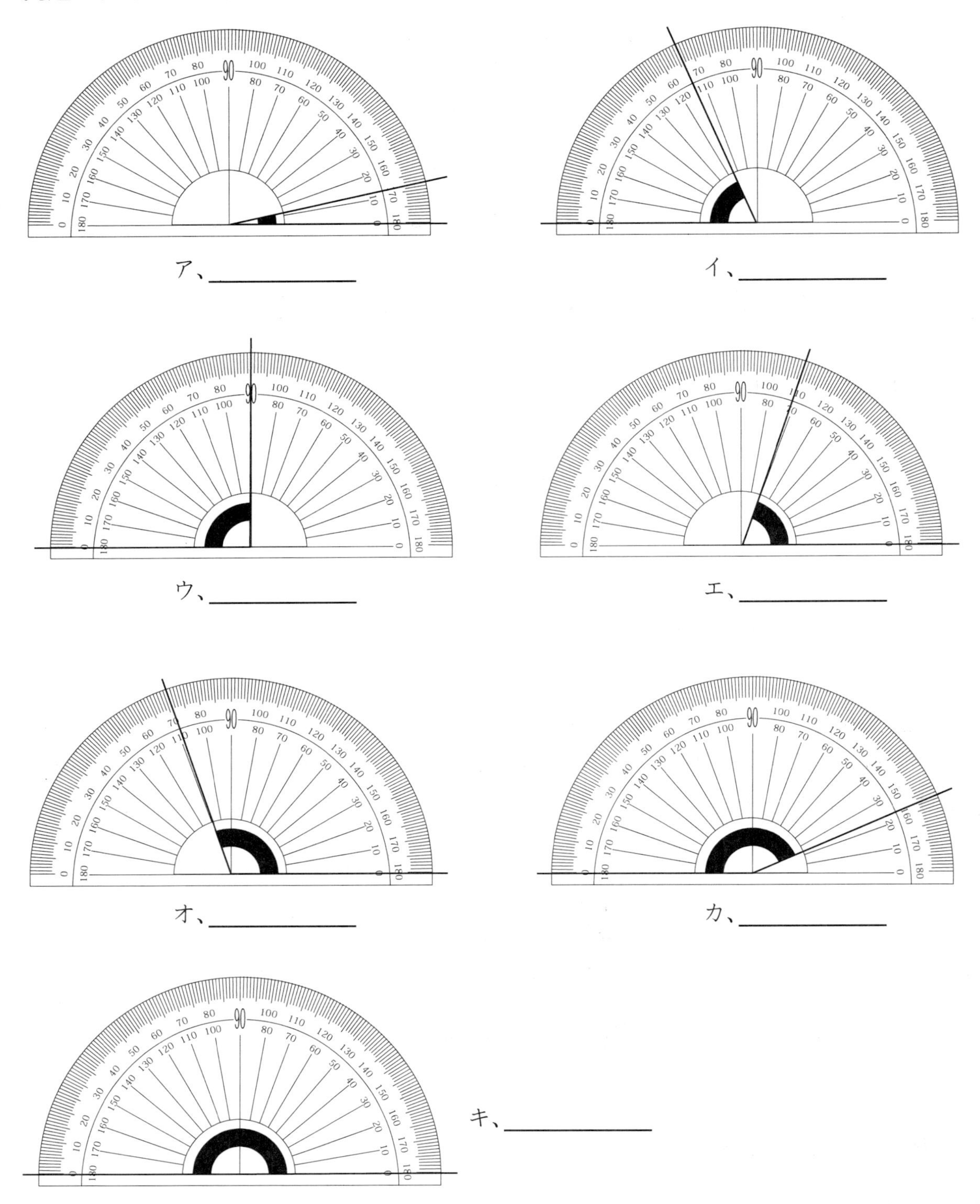

角の基礎

※問題２の「ウ」のように、９０°の角度を「直角」とも言います。

９０°＝直角

※問題２の「キ」のように、直線は１８０°の角度とも言えます。

１８０°＝直線

例題２、右の角度を分度器ではかりましょう。

分度器をあてても、はかりきれませんね。
こういう場合は、少し工夫してみます。

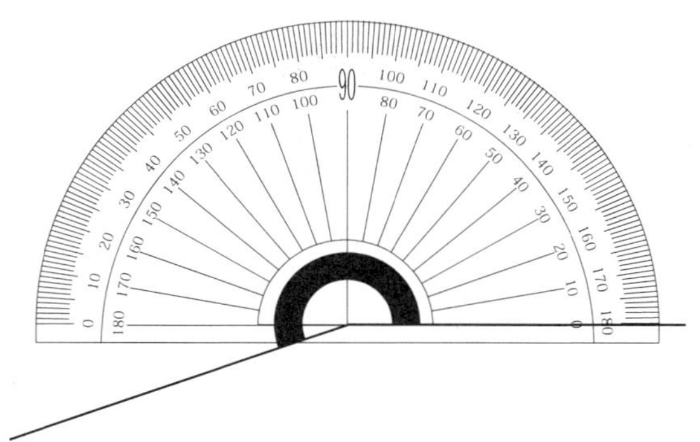

下図のように、はかりたい角度に補助線を引いてみましょう。

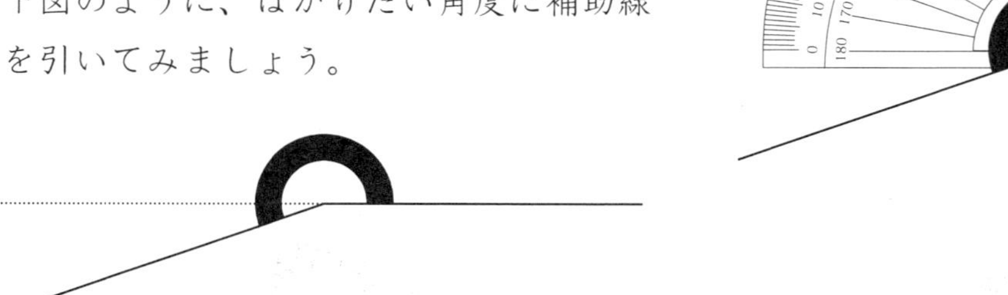

そして、分度器を逆さにして合わせてみましょう。この本を逆さにしてもかまいません。すると、
の部分が２０°だと分かります。

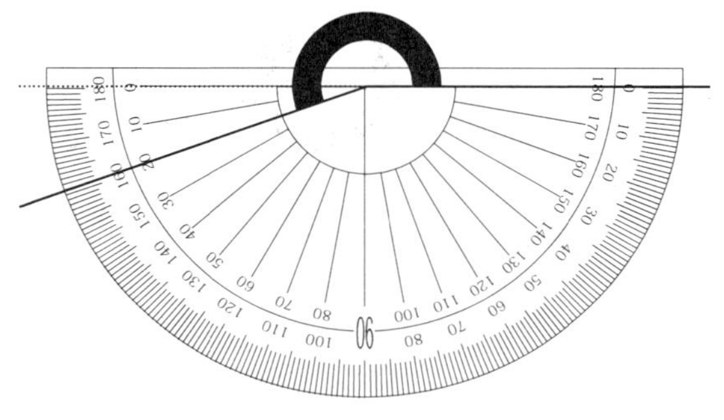

角の基礎

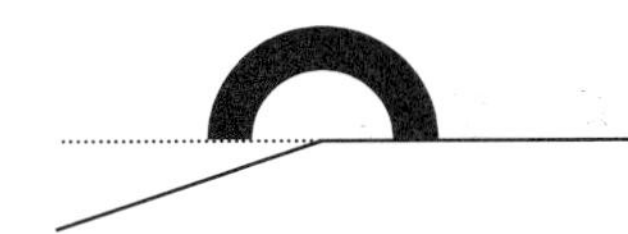
の部分は、直線なので１８０°です。ですから、全体は

２０°＋１８０°＝２００°　となります。

答、＿２００°＿

問題３、それぞれ次の角度を答えなさい。

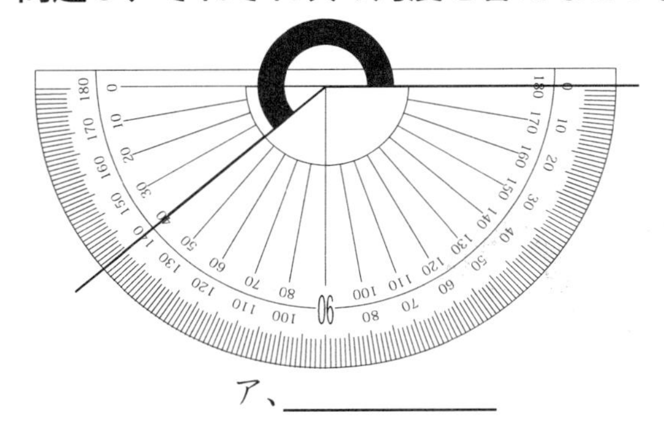

ア、＿＿＿＿＿

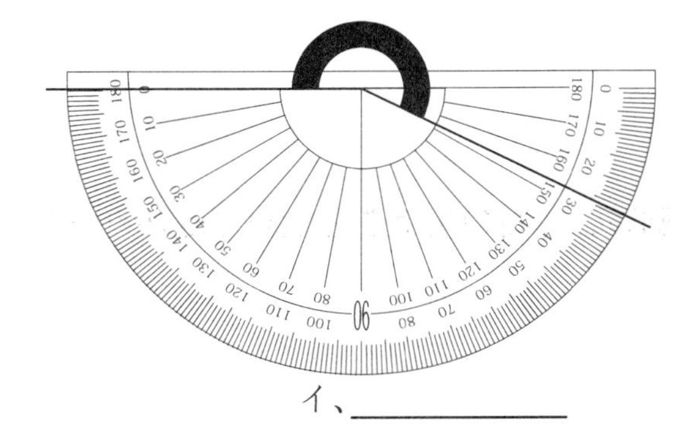

イ、＿＿＿＿＿

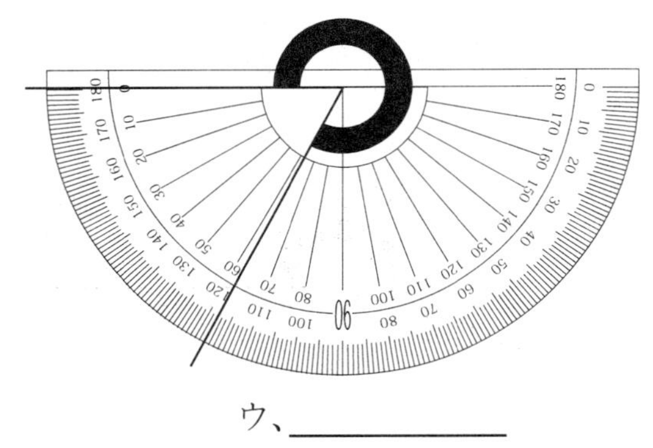

ウ、＿＿＿＿＿

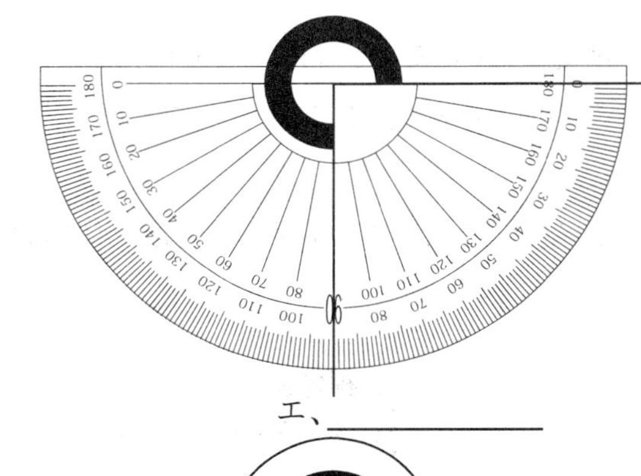

エ、＿＿＿＿＿

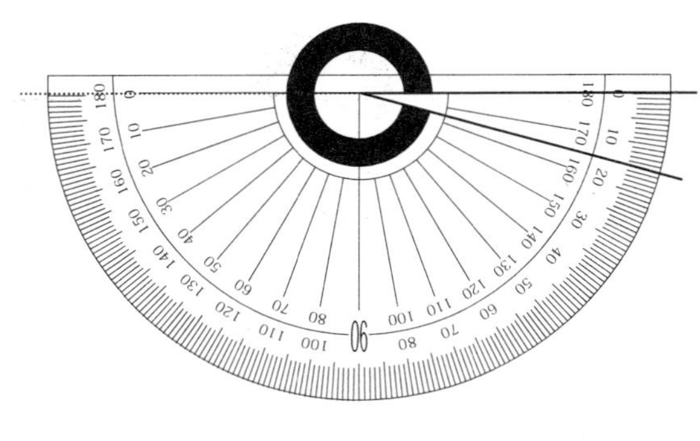

オ、＿＿＿＿＿

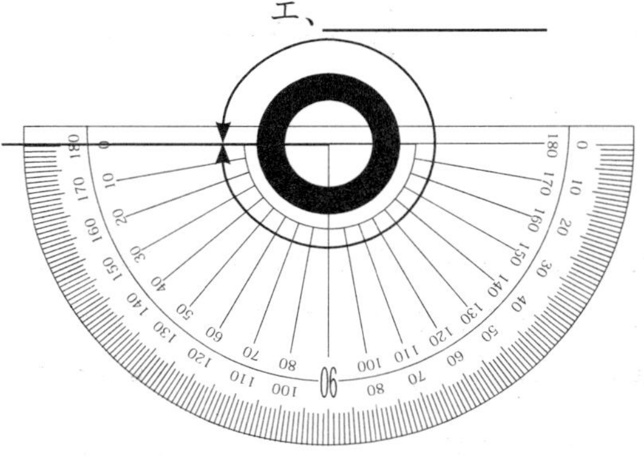

カ、＿＿＿＿＿

角の基礎

※問題３の「カ」のように、頂点を中心として、ぐるっと一周回った角度は３６０°です。

※下のように考えても、３６０°であることがわかります。

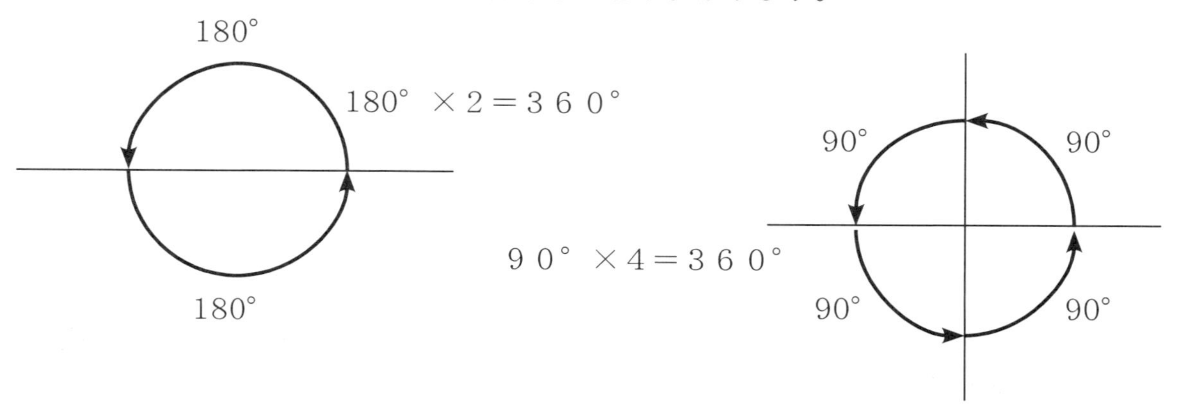

※９０°（直角）は、下のような印で表します。

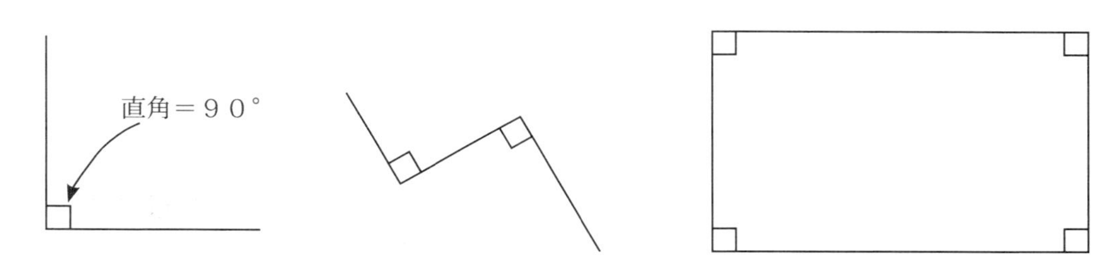

「９０° ＝直角」ですので、１８０° のことを「２直角」と表現する場合があります。同じく、２７０° を「３直角」ということもあります。

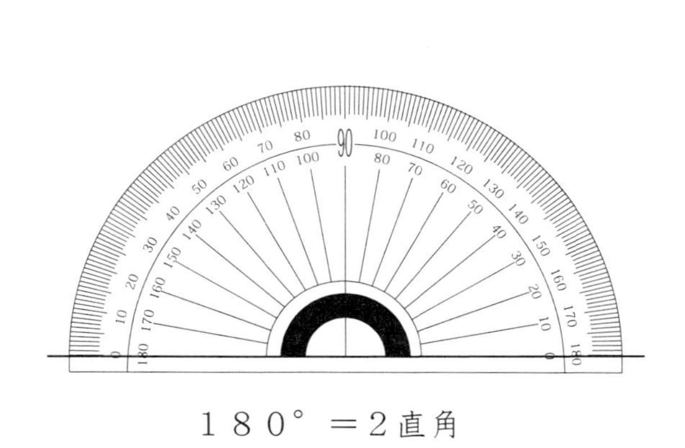

１８０° ＝２直角

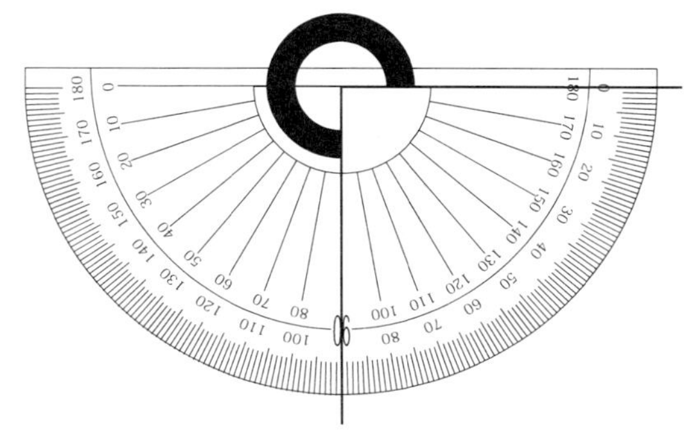

２７０° ＝３直角

角の基礎

テスト１、それぞれ角度を答えなさい。（各２０点×５）

点

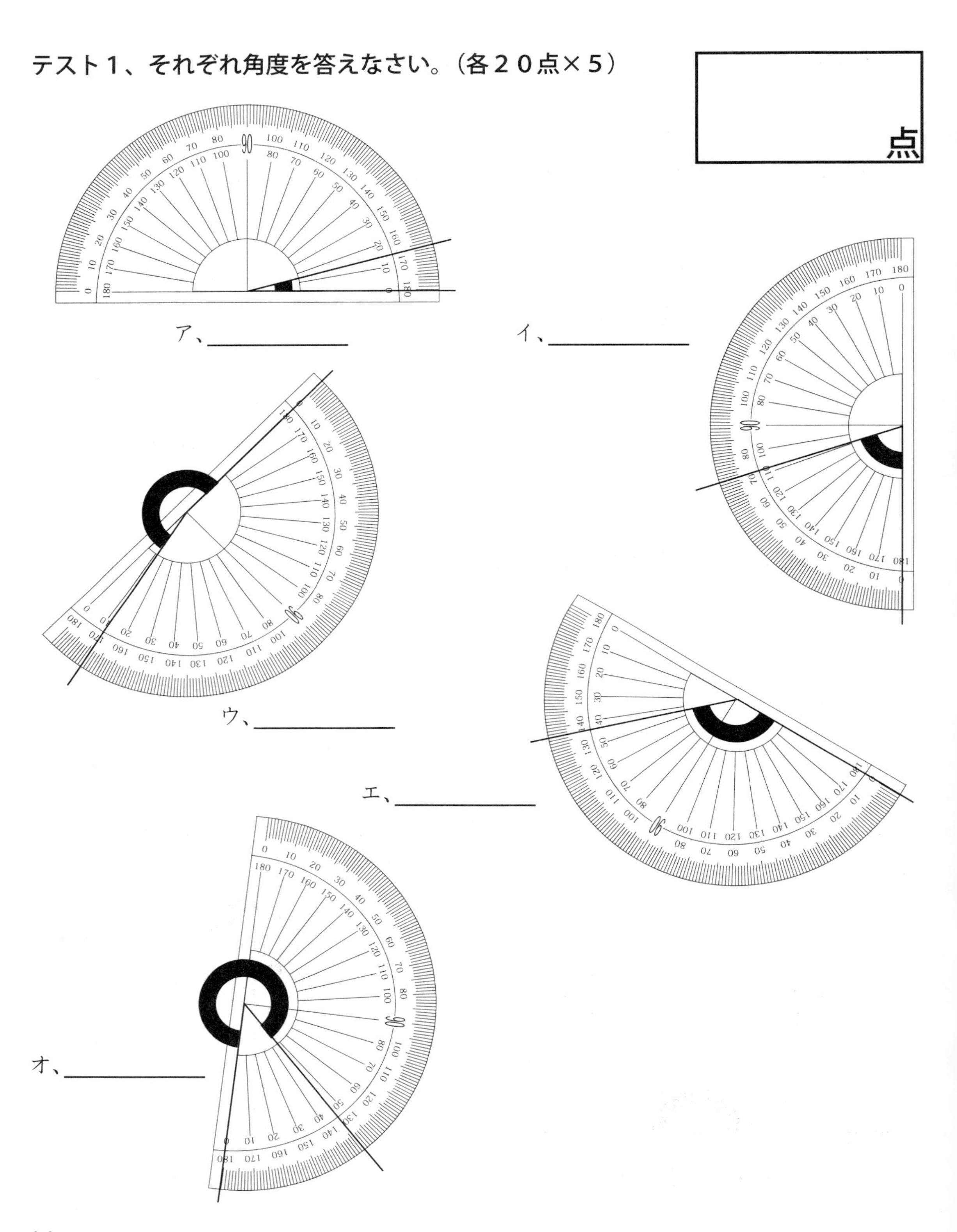

ア、＿＿＿＿＿＿

イ、＿＿＿＿＿＿

ウ、＿＿＿＿＿＿

エ、＿＿＿＿＿＿

オ、＿＿＿＿＿＿

角の足し算と引き算

例題３、次の角度は何度ですか。

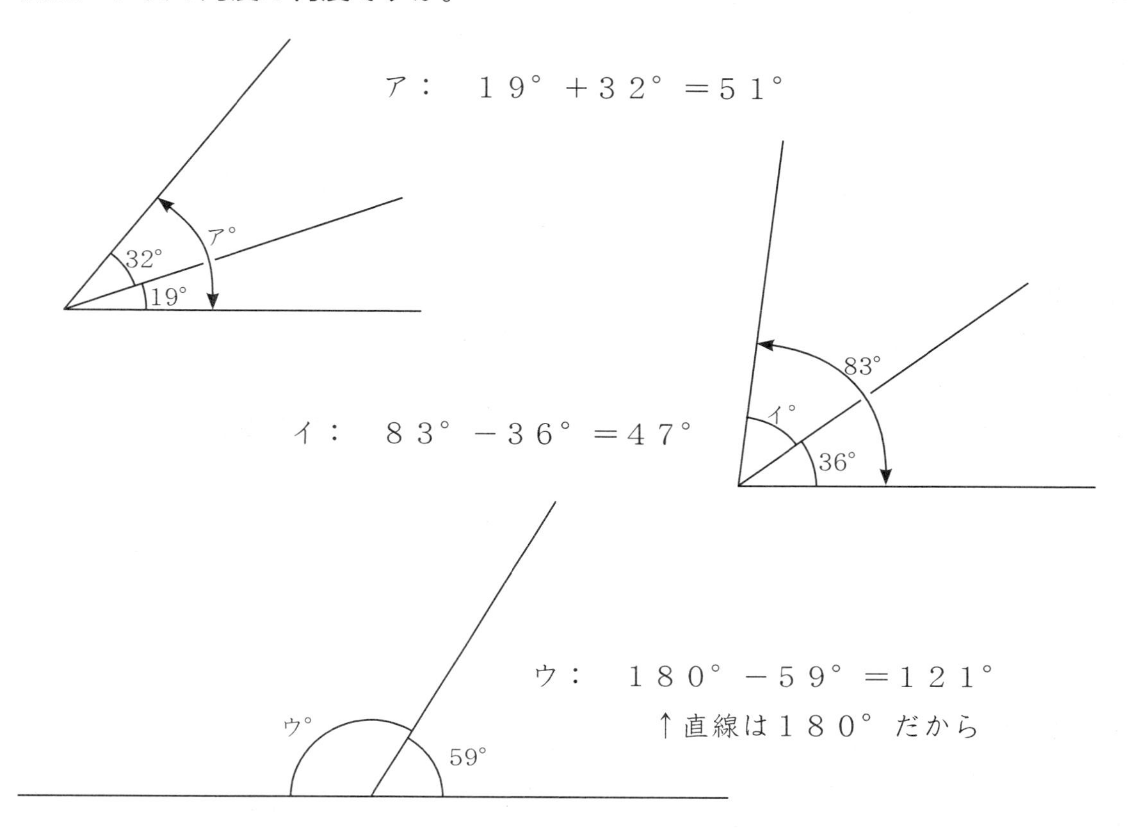

※角度も、長さや重さと同じように、足し算・引き算できます。

問題４、次のそれぞれの角度を求めなさい。

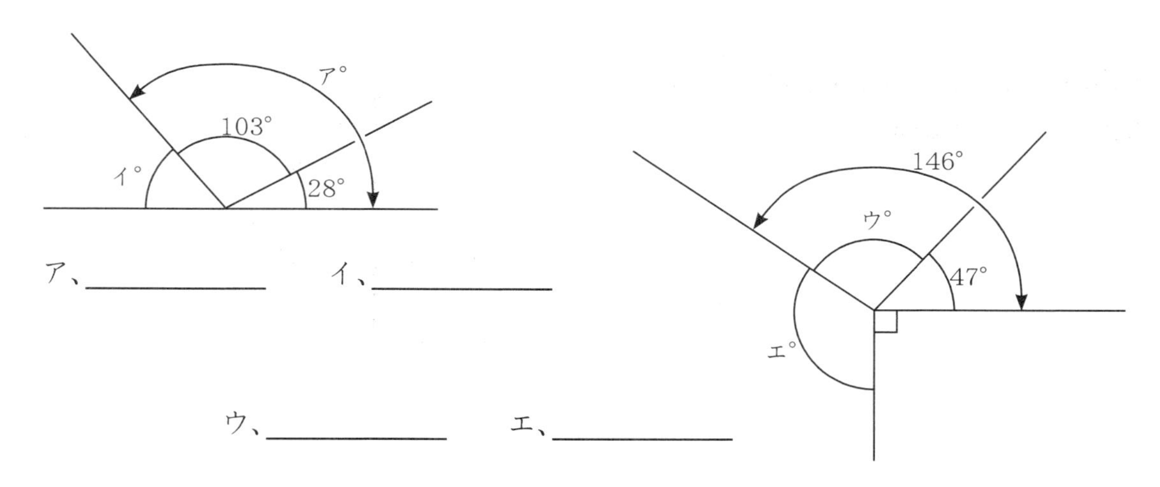

ア、＿＿＿＿＿＿　イ、＿＿＿＿＿＿

ウ、＿＿＿＿＿＿　エ、＿＿＿＿＿＿

角の足し算と引き算

三角定規：
三角定規には、右のア、イの２種類の形があります。

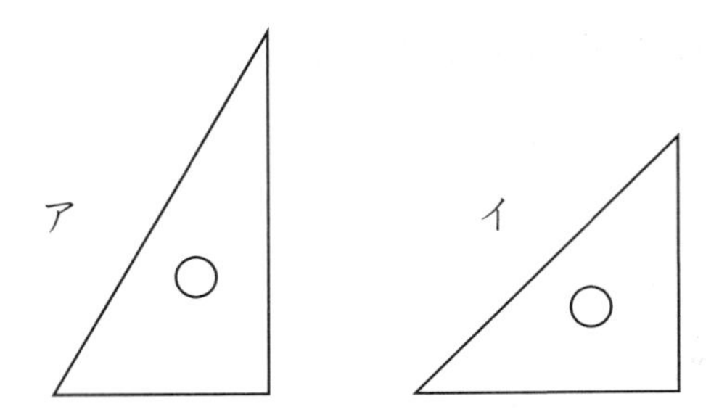

アは、２つ並べると正三角形になります。正三角形の３つの角は全て等しく、それぞれ６０°です。ですから角度はそれぞれ右図のようになります。

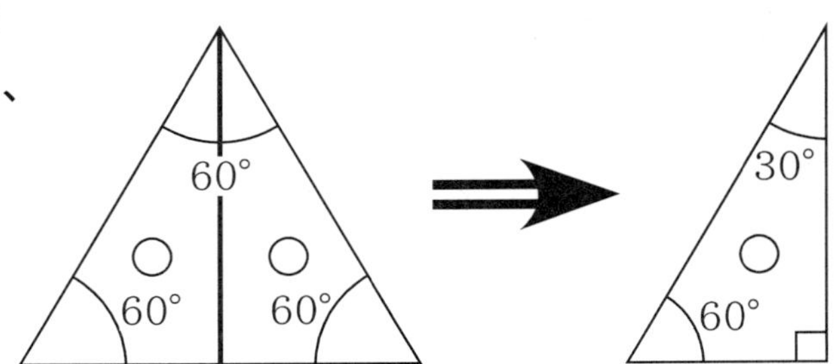

イは、２つ並べると正方形になります。正方形の４つの角はすべて等しく、それぞれ９０°（直角）です。ですから角度はそれぞれ図のようになります。

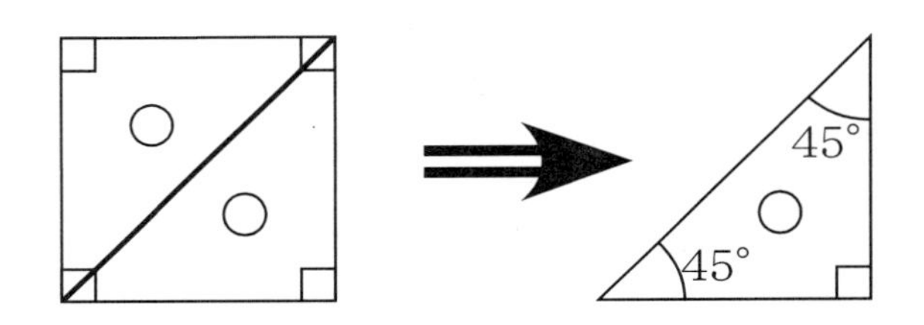

１組の三角定規の辺の長さは、右の図のようになっています。

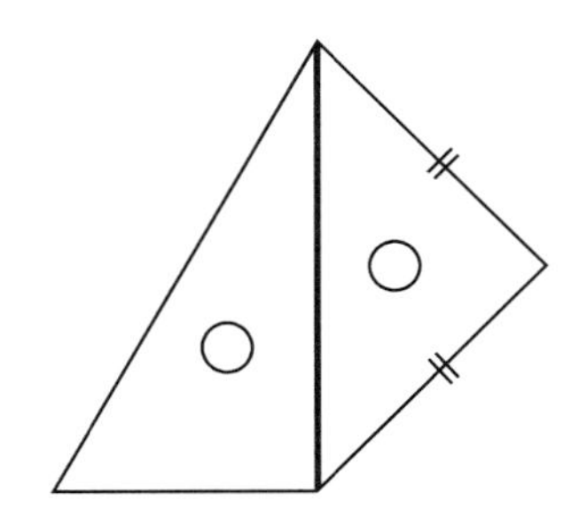

角の足し算と引き算

問題５、次のそれぞれ角度を求めなさい。

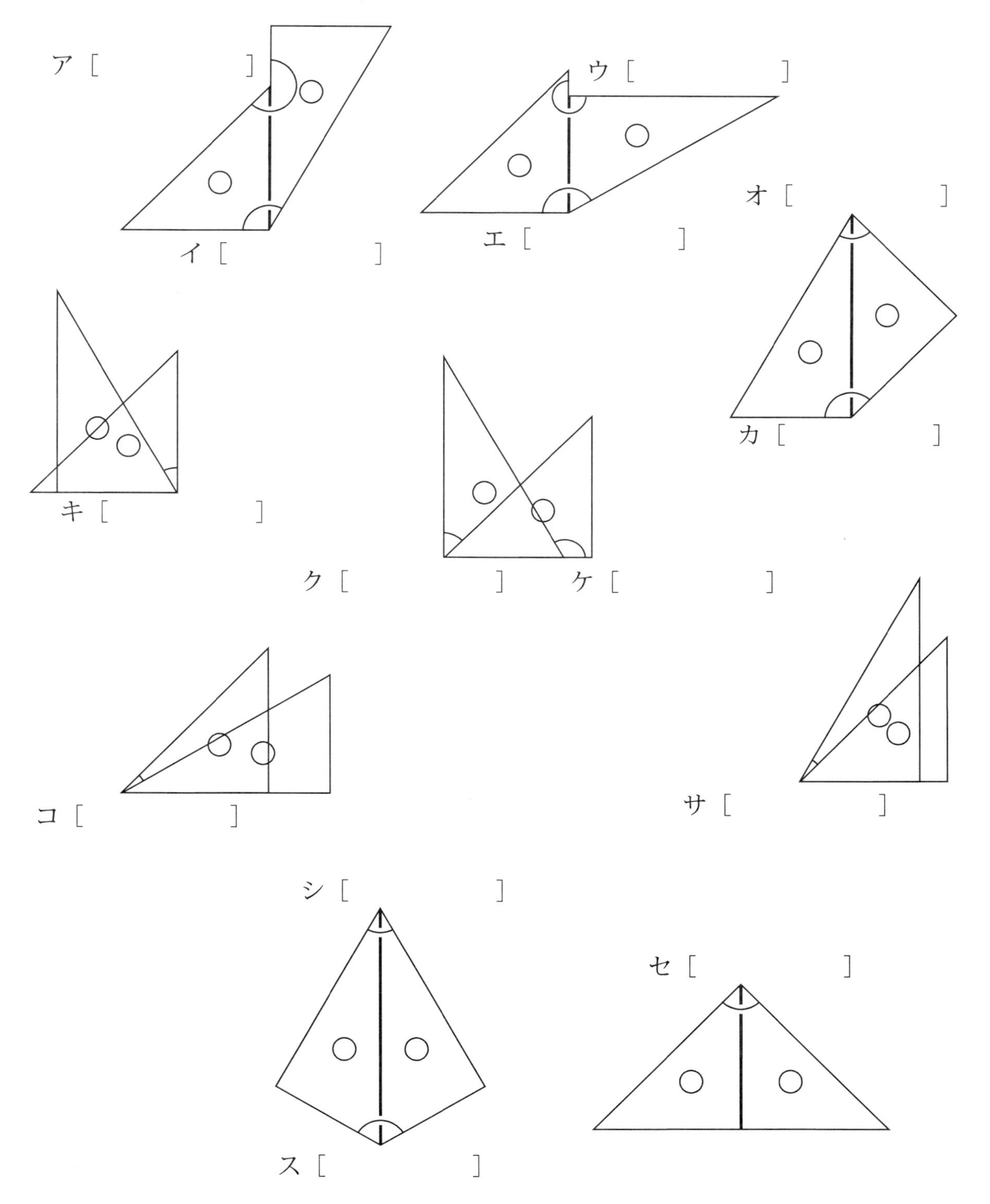

角の足し算と引き算

テスト２、次のそれぞれ角度を求めなさい。（各１０点×１０）

点

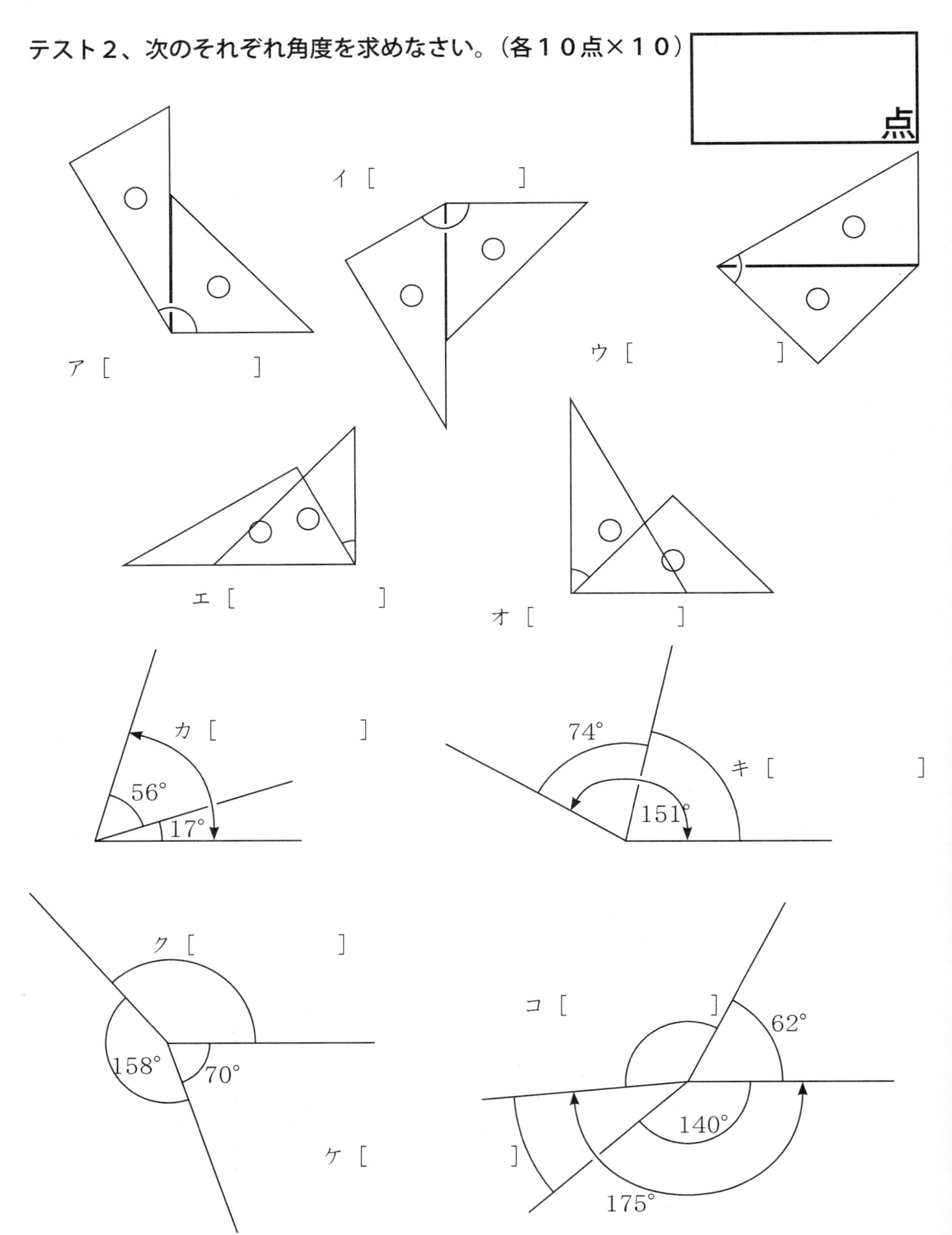

三角形と四角形

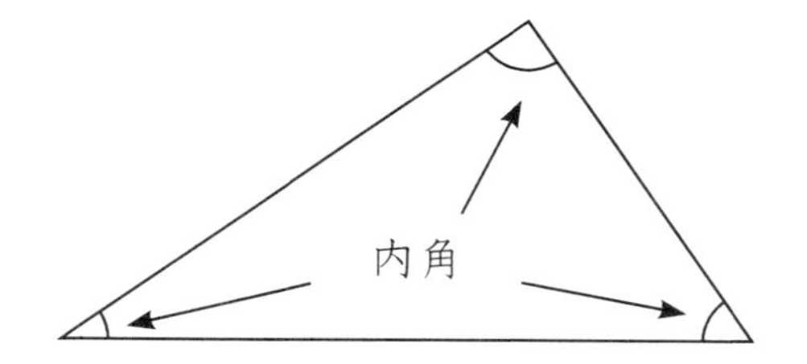

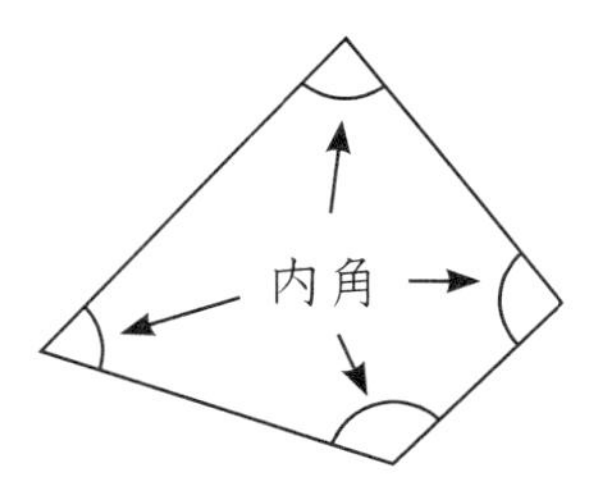

三角形や四角形などの、内側の角を「内角」と言います。

※三角形の内角の和（合計）は　**１８０°**　です。

３０°＋６０°＋９０°＝１８０°

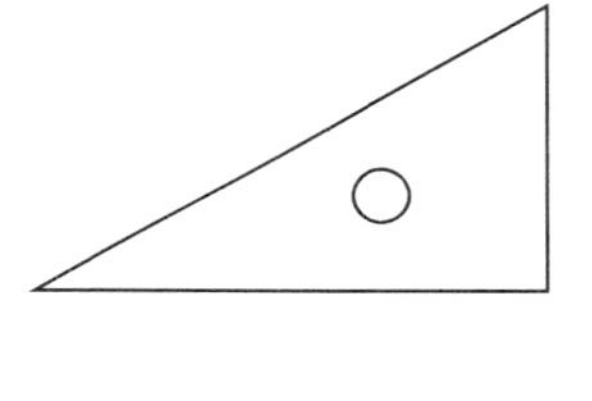

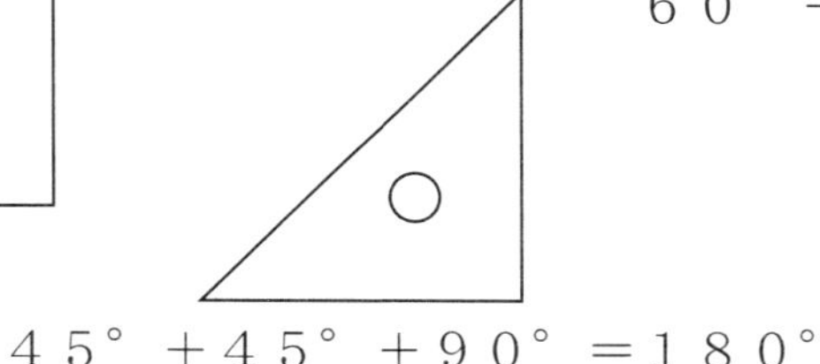

６０°＋５０°＋７０°＝１８０°

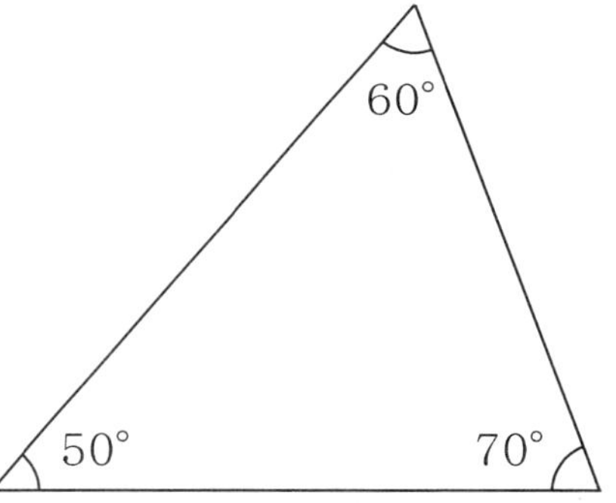

４５°＋４５°＋９０°＝１８０°

★どんな三角形でも、内角の和はつねに１８０°になるのでしょうか？

→実験で証明できます。

１、どんな角度でも良いので、適当な三角形を書いてみます。

２、その三角形の「角」の部分をちぎりとります。

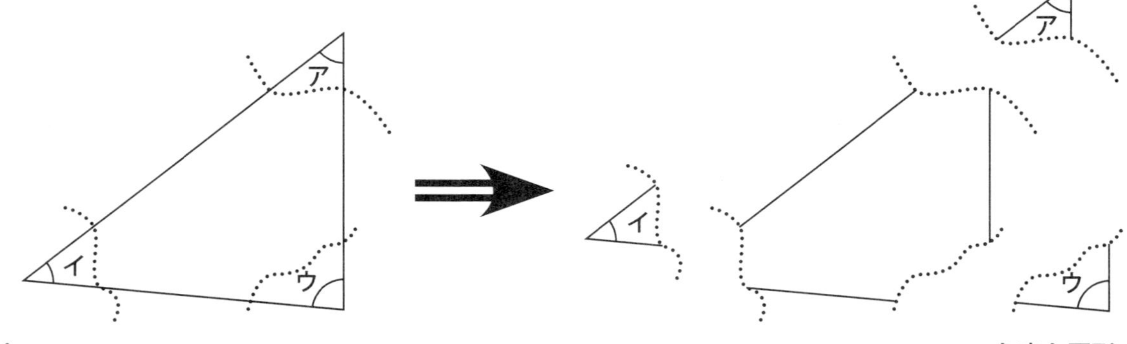

三角形と四角形

３、ちぎりとった「角」の部分を、下の図のように並べてみます。

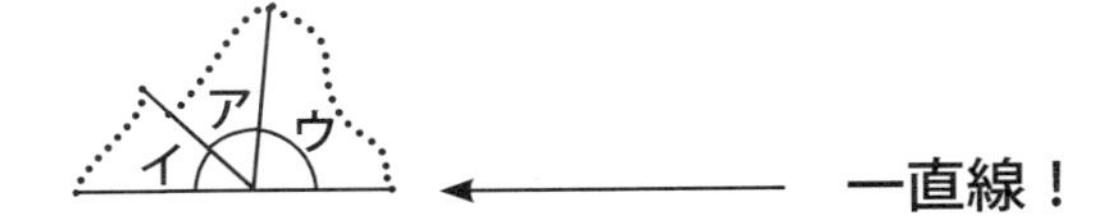

すると、辺が一直線に並びます。
つまり、三角形の３つの内角を足すと、１８０°になるということになります。
どんな三角形でこの実験をしても、必ず一直線に並ぶ＝１８０°になります。

※四角形の内角の和（合計）は　３６０°　です。

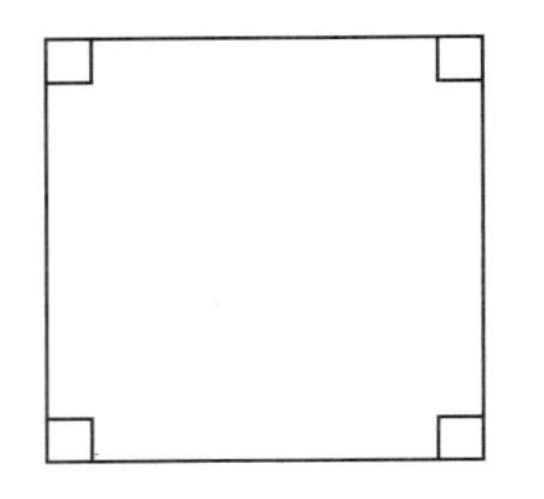

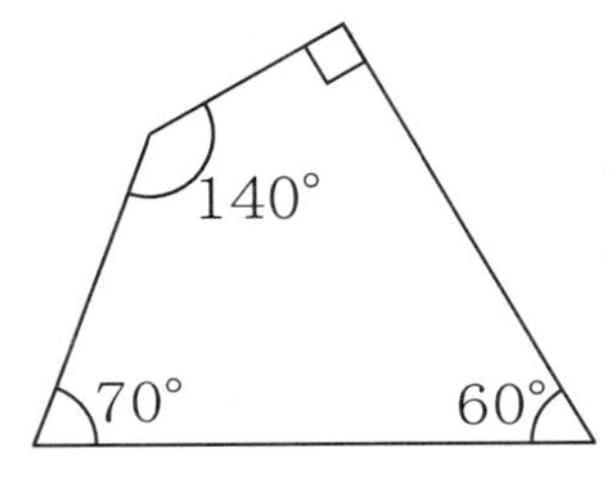

９０°×４＝３６０°　　　７０°＋１４０°＋９０°＋６０°＝３６０°

★どんな四角形でも、内角の和はつねに３６０°になるのでしょうか？
→さきほどと同じように実験でも証明できます。自分でやってみましょう。
→算数の考え方で、証明します。

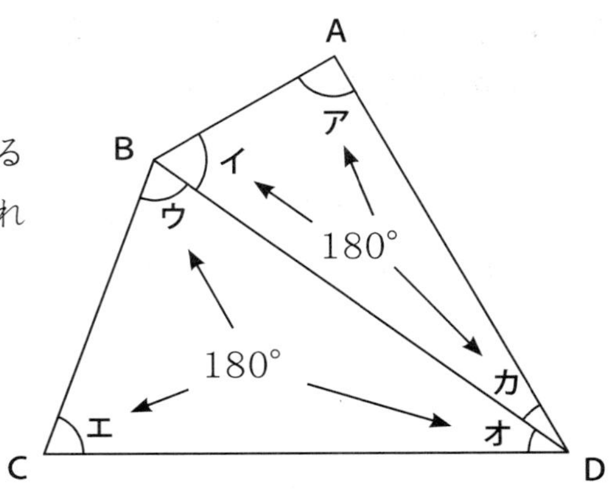

四角形ＡＢＣＤに対角線を１本引きます。すると三角形ＡＢＤと三角形ＢＣＤの２つに分けられたことになります。

三角形ＡＢＤの内角アイカの和は、先に証明したように、１８０°になります。同様に三角形ＢＣＤの内角ウエオの和も１８０°となります。

四角形ＡＢＣＤの内角の和は、それら全てを足したものですから、

三角形と四角形

１８０°×２＝３６０°

以上、証明終わり。

例題４、次の角度を、それぞれ計算で求めなさい。

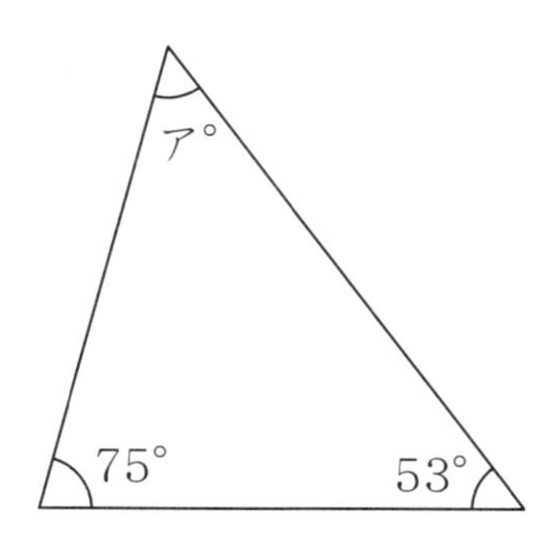

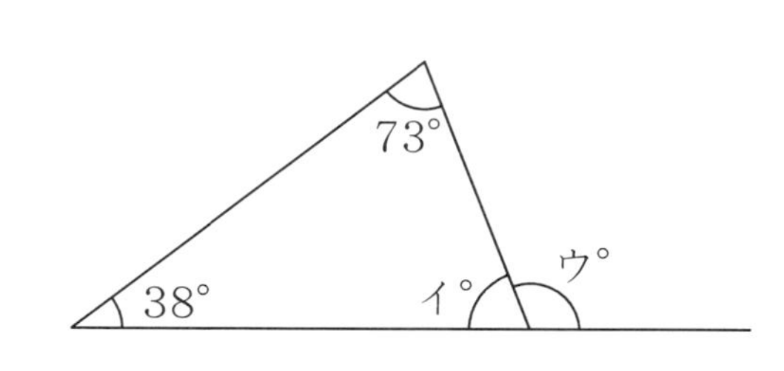

三角形の内角の和が１８０°であることを利用します。

ア：　ア＋７５°＋５３°＝１８０°　なので
　　　ア＝１８０°－（７５°＋５３°）
　　　　＝５２°　　　　　　　　　　　　　答、５２°

イ：　同様に　イ＝１８０°－（３８°＋７３°）
　　　　　　　　＝６９°　　　　　　　　　答、６９°

ウ：　直線は１８０°なので、１８０°からイの６９°を引けば求められます。
　　　ウ＝１８０°－６９°＝１１１°　　　　答、１１１°

ウの求め方について、もう気づいた人もいると思いますが、ウは７３°＋３８°で求めることができます。

理由：　７３°＋　３８°＋　イ　＝１８０°　…三角形の内角の和は１８０°
　　　　　　　ウ　　　＋　イ　＝１８０°　…直線は１８０°
　　　　よって、７３°＋３８°はウと等しい。

ウのような角を、「外角（がいかく）」と言います。

三角形と四角形

問題６、次のそれぞれの角度を計算で求め、単位の記号もつけて答えなさい。

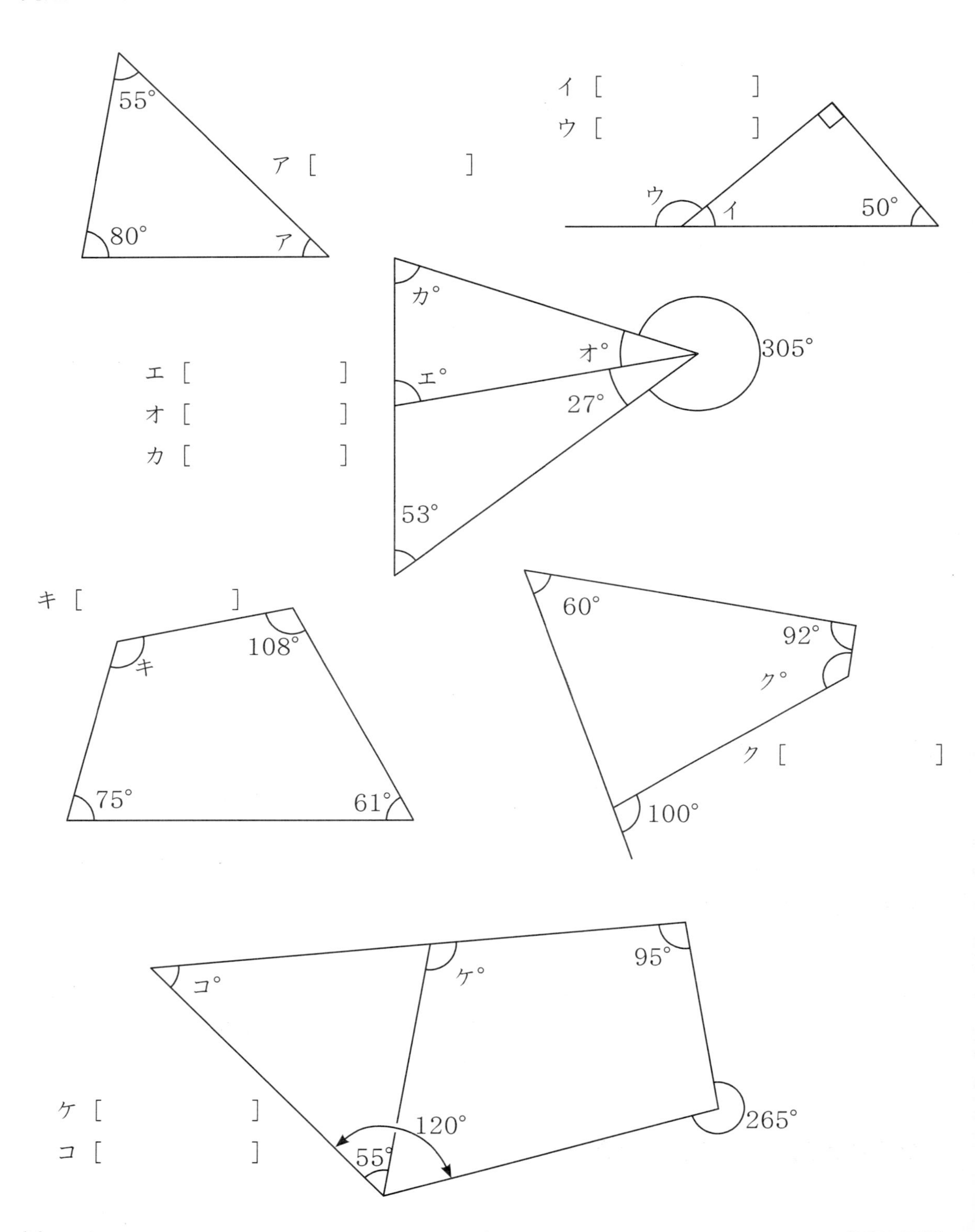

三角形と四角形

テスト３、次のそれぞれの角度を計算で求め、単位の記号もつけて答えなさい。　（各１０点×１０）

点

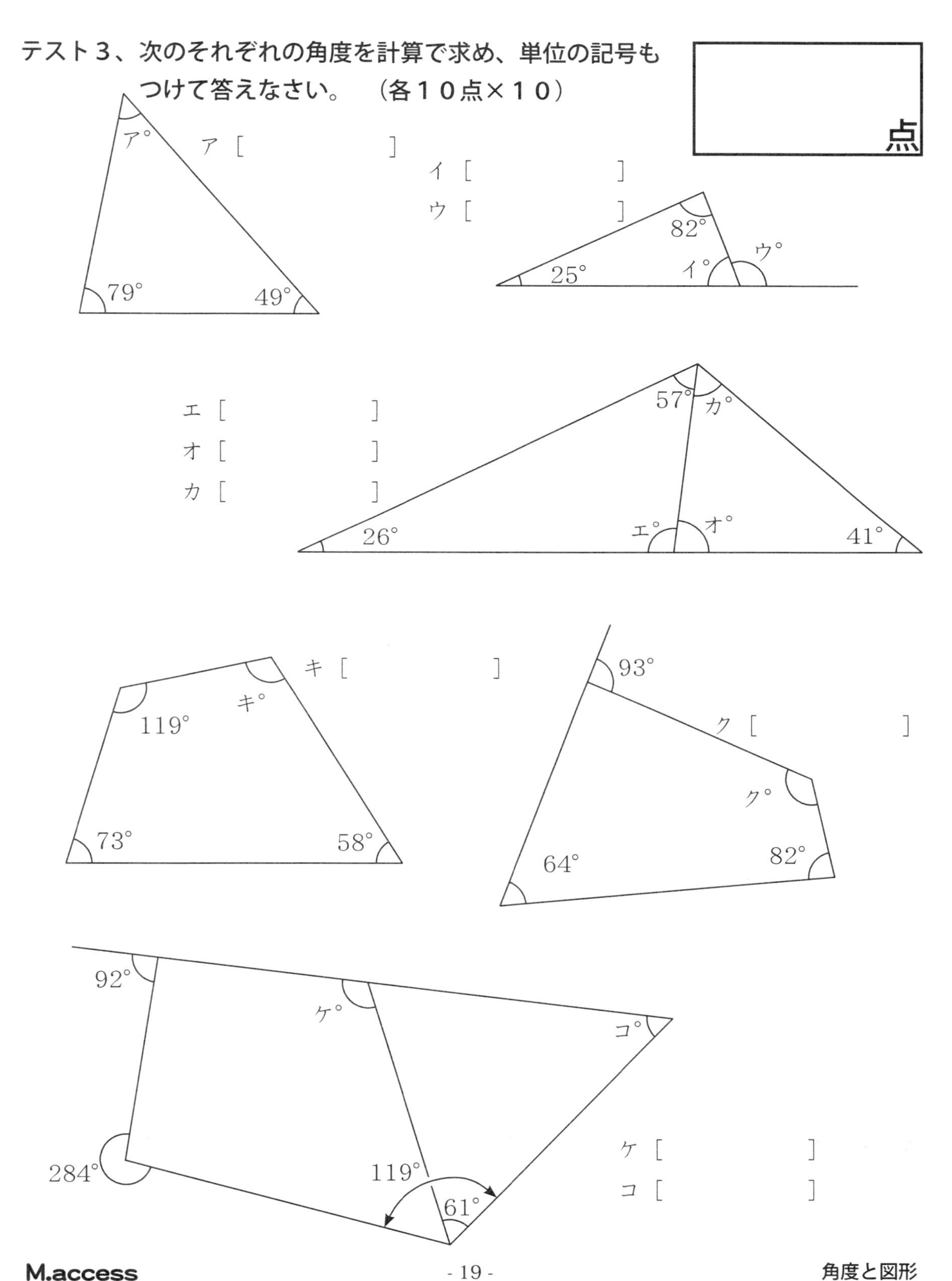

対頂角・同位角・錯角

★２つの直線が交(まじ)わってできた角のうち、向かい合う角を「対頂角(たいちょうかく)」と言います。

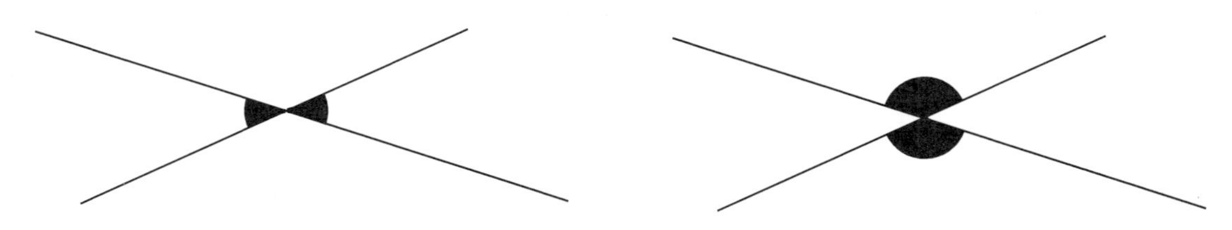

例題５、次の●の角の対頂角を記号で答えなさい。

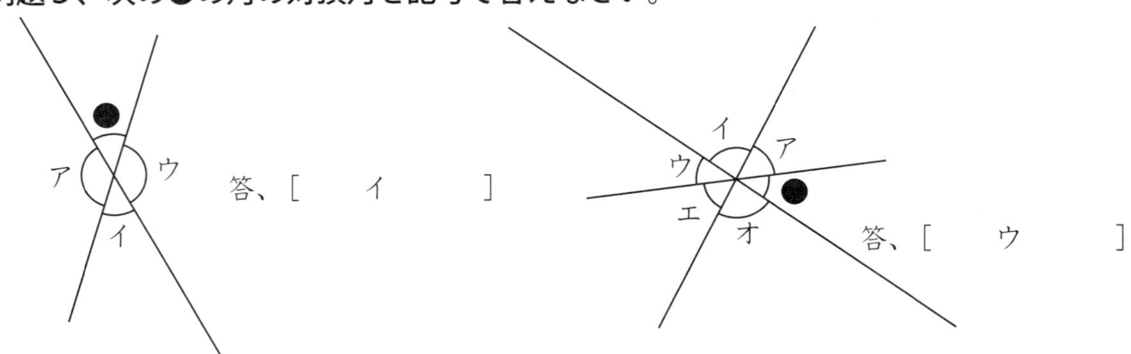

※対頂角の角度は等しい

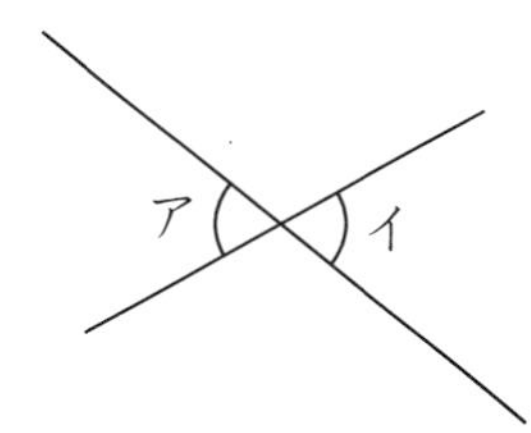

アが７０°ならば、イも７０°になります。

対頂角が等しいことの証明

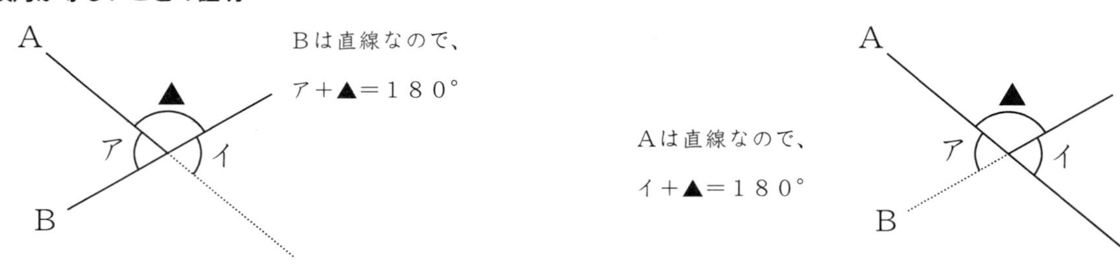

★２本の直線が、どこまで行っても交わらないことを「平行(へいこう)」と言います。

平行

対頂角・同位角・錯角

★２つの直線に１本の直線が交わっている時、同じ位置関係にある角を「同位角（どういかく）」と言います。

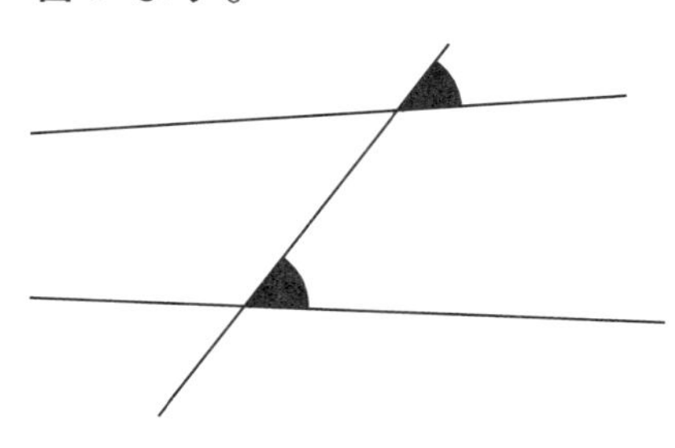

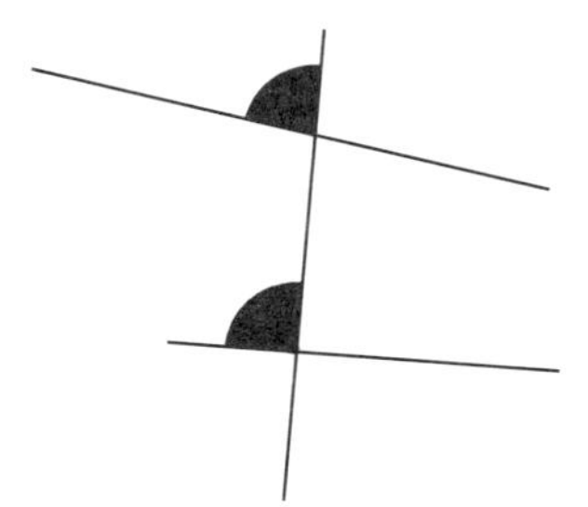

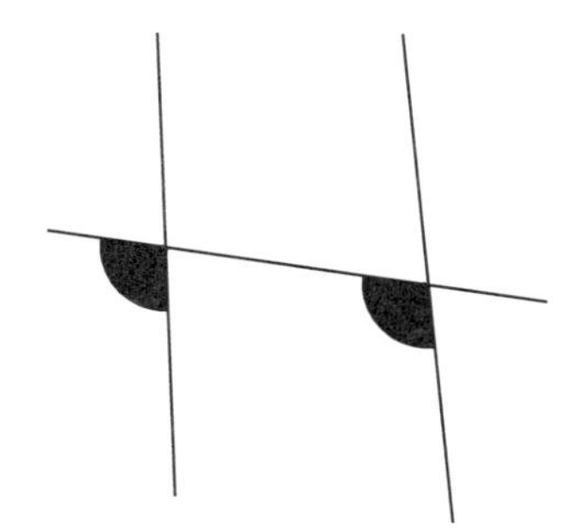

例題６、次の●の角の同位角を記号で答えなさい。

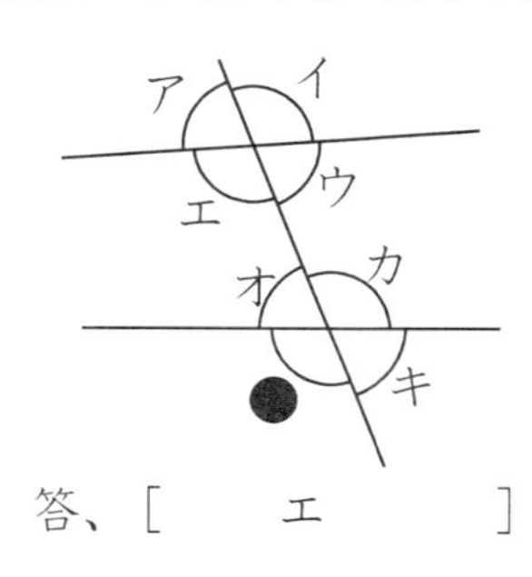

答、[　　エ　　]

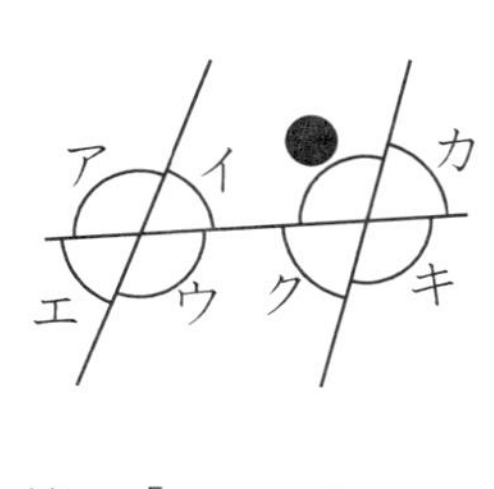

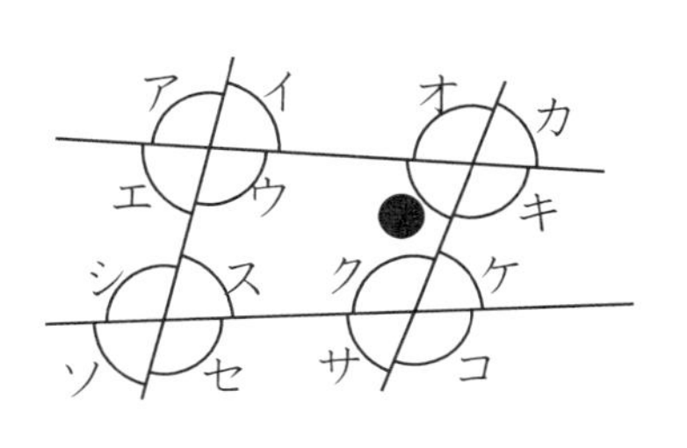

答、[　　エ　　]

答、[　　サ　　]

※平行線の同位角の角度は等しい

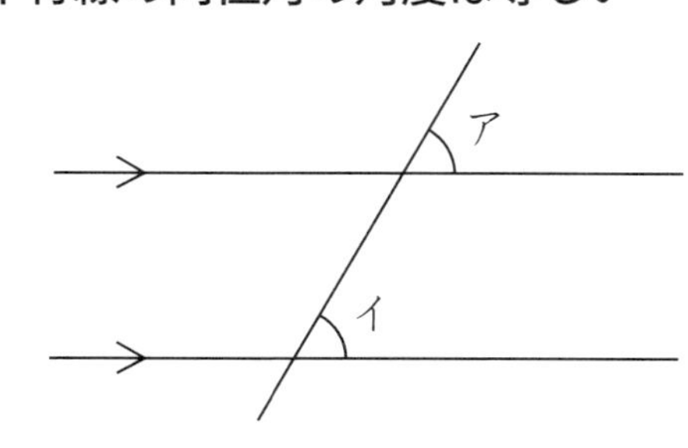

アが６０°ならば、イも６０°です。

——>—— は、平行線を表します。

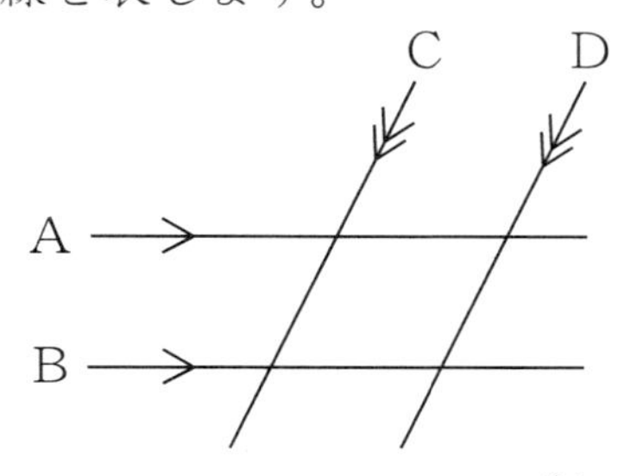

直線Ａと直線Ｂは平行

直線Ｃと直線Ｄは平行

対頂角・同位角・錯角

★２つの直線に１本の直線が交わっている時、ななめ向かい（はす向かい）の位置関係にある角を「錯角（さっかく）」と言います。

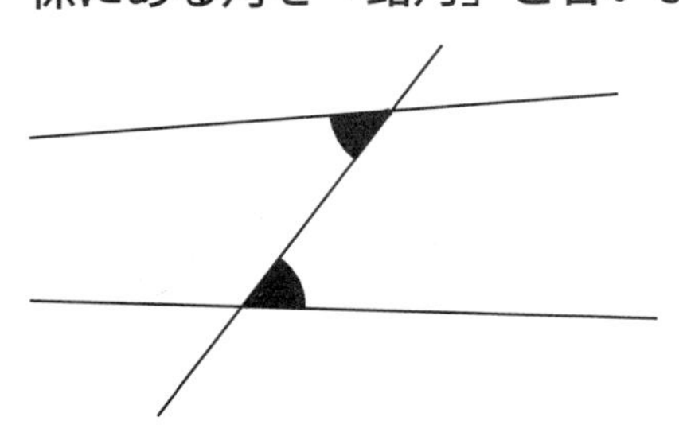
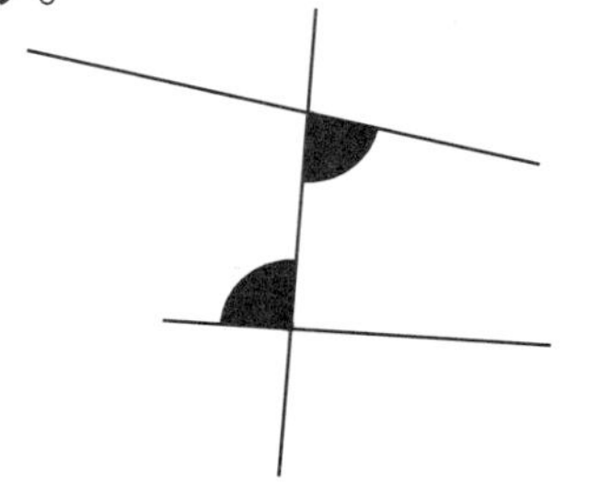
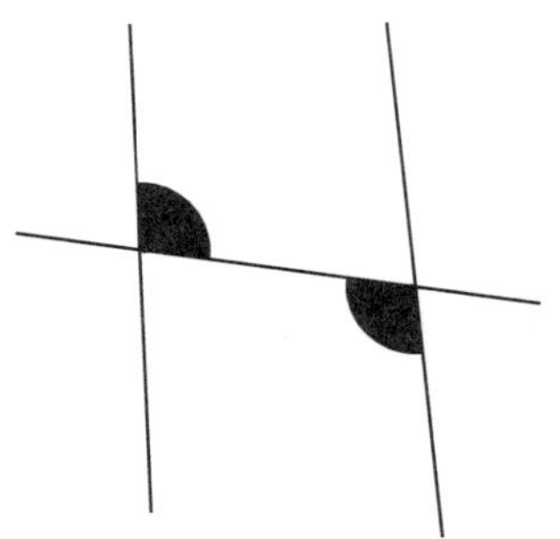

例題７、次の●の角の錯角を記号で答えなさい。

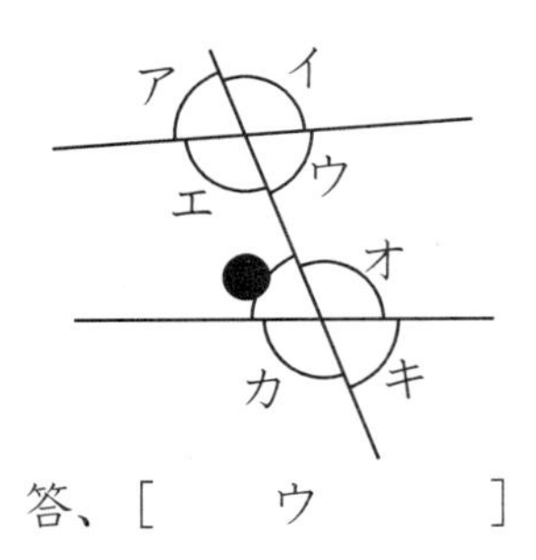

答、［　　ウ　　］

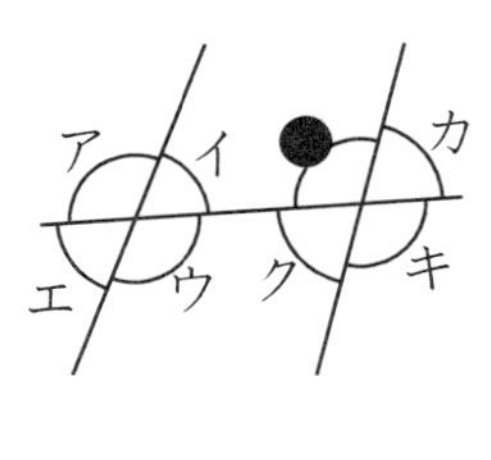

答、［　　ウ　　］

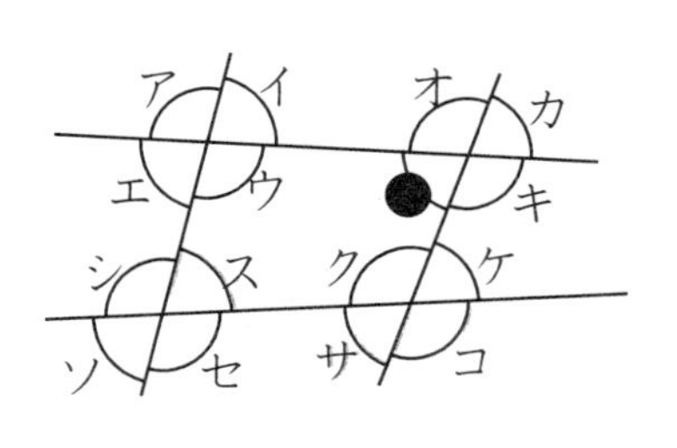

答、［　　イ　　］

答、［　　ケ　　］

※平行線の錯角の角度は等しい

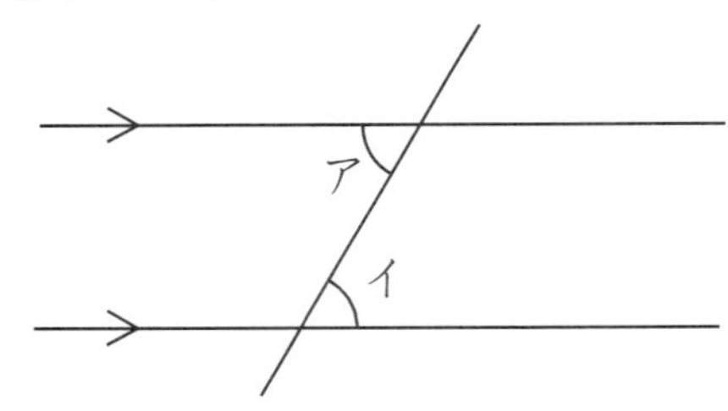

アが６０°ならば、イも６０°です。

平行線の錯角が等しいことの証明

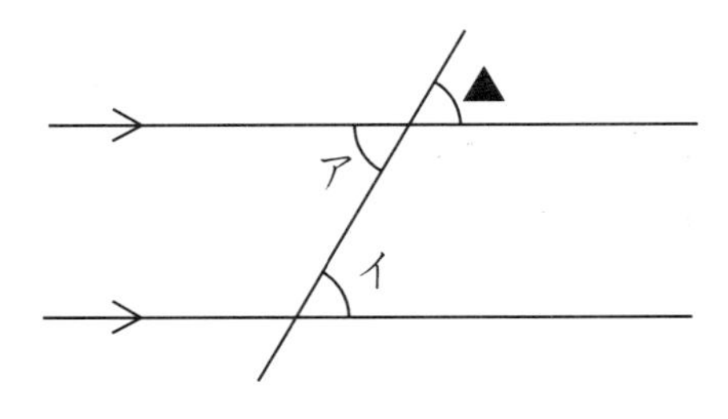

ア＝▲　（対頂角）

▲＝イ　（平行線の同位角）

よって、ア＝イ

対頂角・同位角・錯角

問題７、次の●の角と同じ角度の部分をあるだけさがし、記号で全て答えなさい。

①

②

③

答、[　　　　　　　　]　答、[　　　　　　　　]　答、[　　　　　　　　　　　　]

問題８、次のア～カの角度を答えなさい。

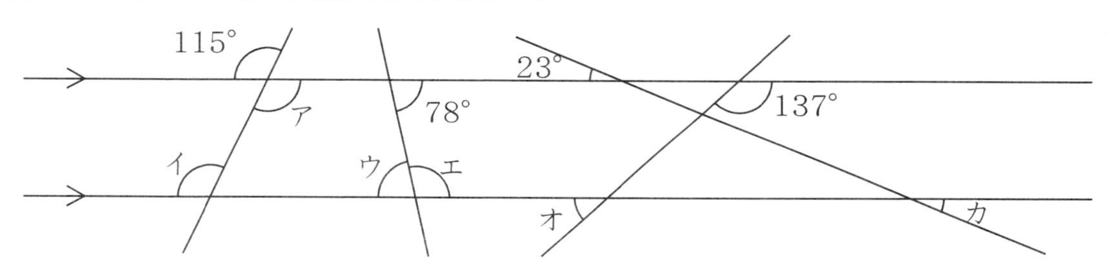

ア、[　　　　　　　　]　イ、[　　　　　　　　]　ウ、[　　　　　　　　]

エ、[　　　　　　　　]　オ、[　　　　　　　　]　カ、[　　　　　　　　]

例題８、次の角度を答えなさい。

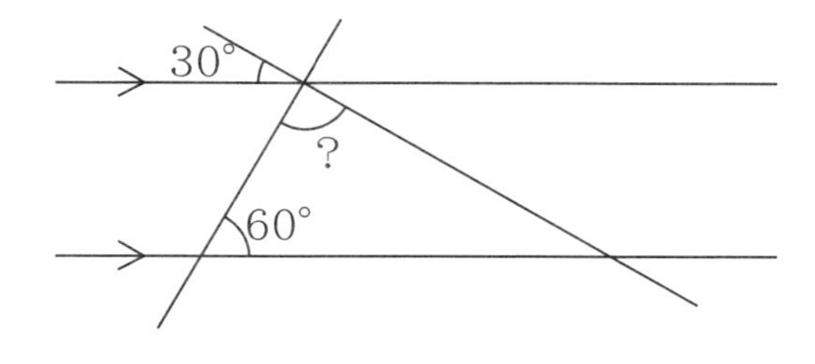

＊三角形の内角の和は１８０°　＊対頂角は等しい　＊平行線の同位角は等しい

＊平行線の錯角は等しい　などを利用して解きます。

わかる角度は、図の中にどんどん書いていきましょう。

対頂角・同位角・錯角

アの角度がわかりますか。アの角度が分かると、三角形の内角の和が１８０°であることを利用して、？がわかりますね。

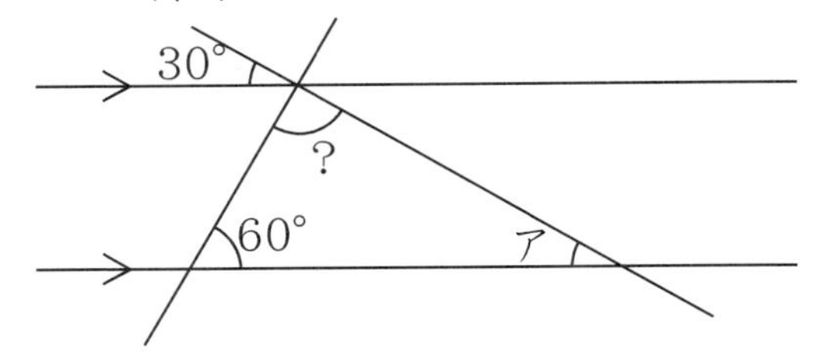

図の平行線とそれに交差する１本の直線だけに注目してみます。

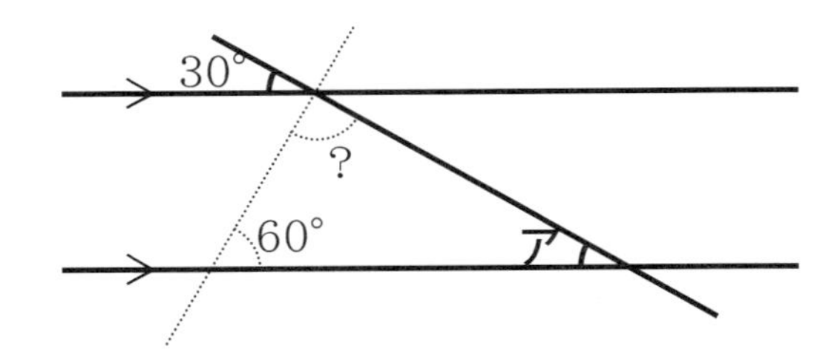

アと３０°は同位角なので、ア＝３０°です。

三角形の内角の和は１８０°なので

？＋６０°＋３０°＝１８０°

？＝１８０°－６０°－３０°

＝９０°

答、９０°

例題９、次の角度を答えなさい。

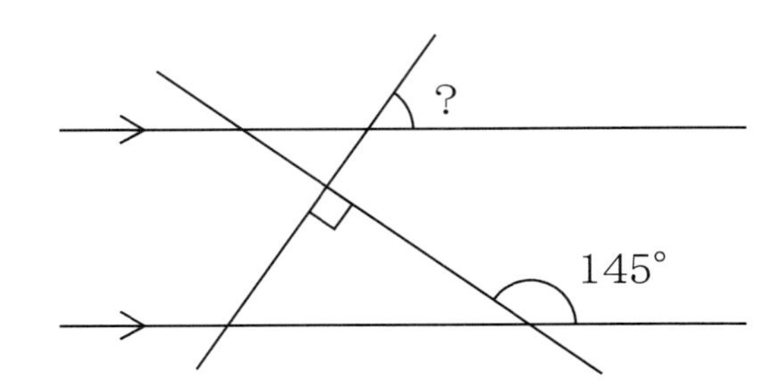

対頂角・同位角・錯角

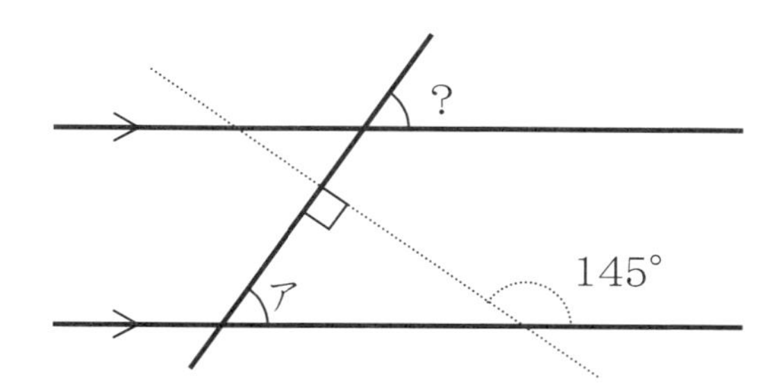

まず、平行線と角アに注目します。角アは？と同位角ですから等しい。つまりアの部分が求める角の大きさといってもかまいません。

次に、下の三角形の部分に注目しましょう。

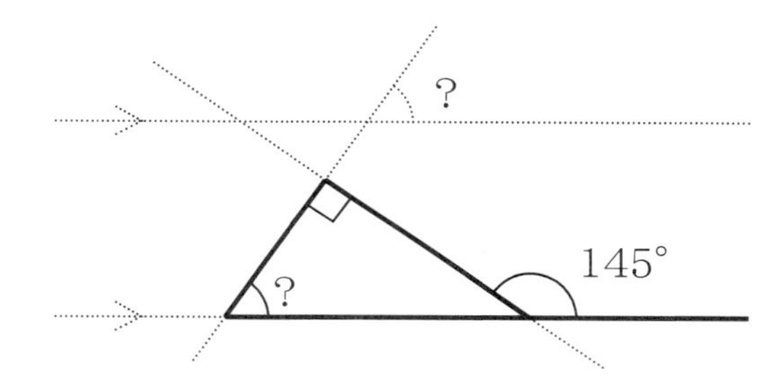

１４５° の部分は、この三角形の外角です。ですから、次の式が成り立ちます。

？＋９０° ＝１４５°

？＝１４５° －９０°

＝５５°

答、５５°

例題１０、次の角度を答えなさい。

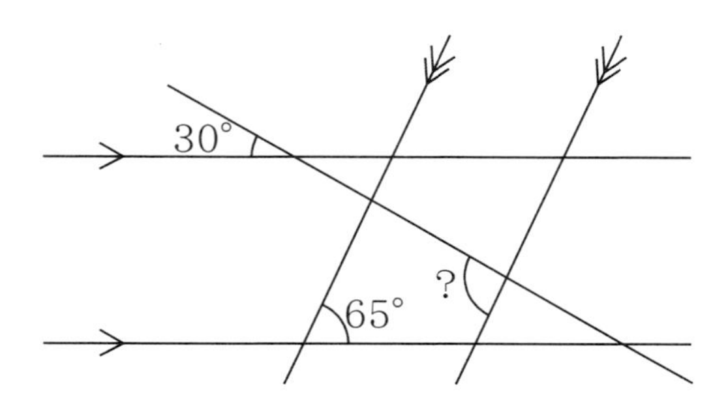

平行な直線の組が２組あることに注目して下さい。

対頂角・同位角・錯角

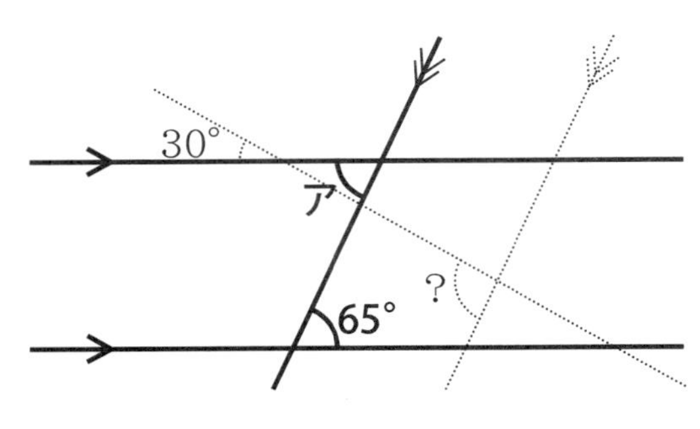

まず、１組の平行線とそれに交わる１本の直線に注目します。

角アと６５°の部分は錯角の関係なので等しい。　ア＝６５°

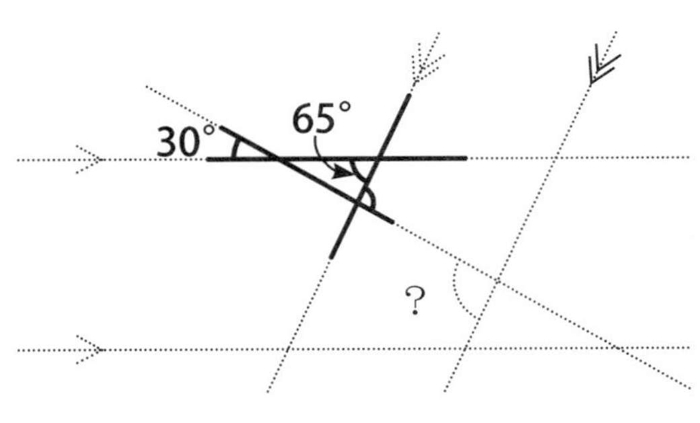

次に、３つの直線と、それにかこまれた三角形に注目します。

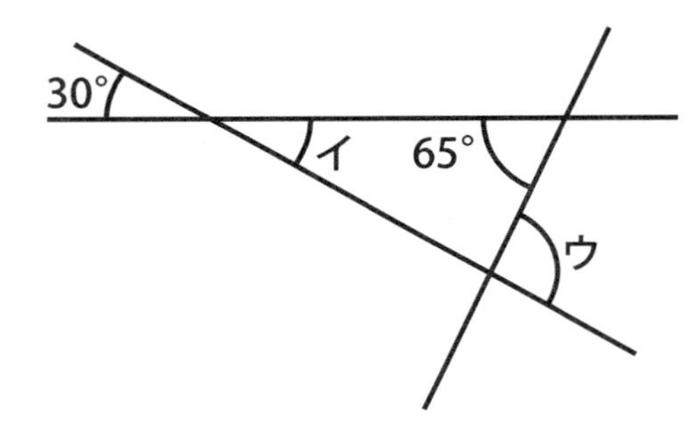

イ＝３０°（対頂角）
ウ＝３０°＋６５°　（三角形の外角）
　＝９５°

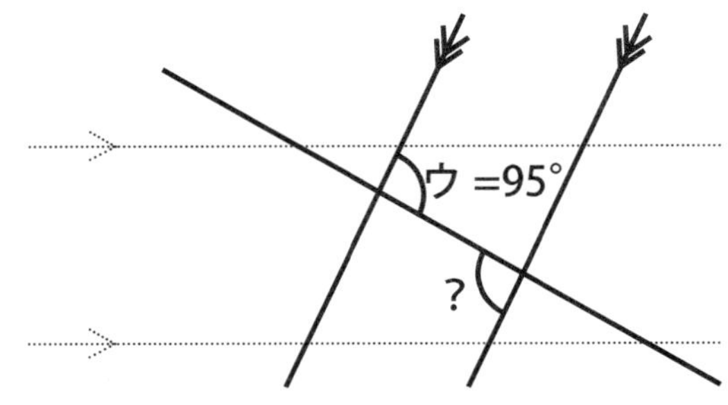

さらに、１組の平行線と、それに交わる１本の直線に注目します。

ウと？は錯角の関係にあるので、 ウ＝？
ウは９５°だったので、？は９５°です。

答、９５°

対頂角・同位角・錯角

問題９、次の角度を、それぞれ計算で求めなさい。

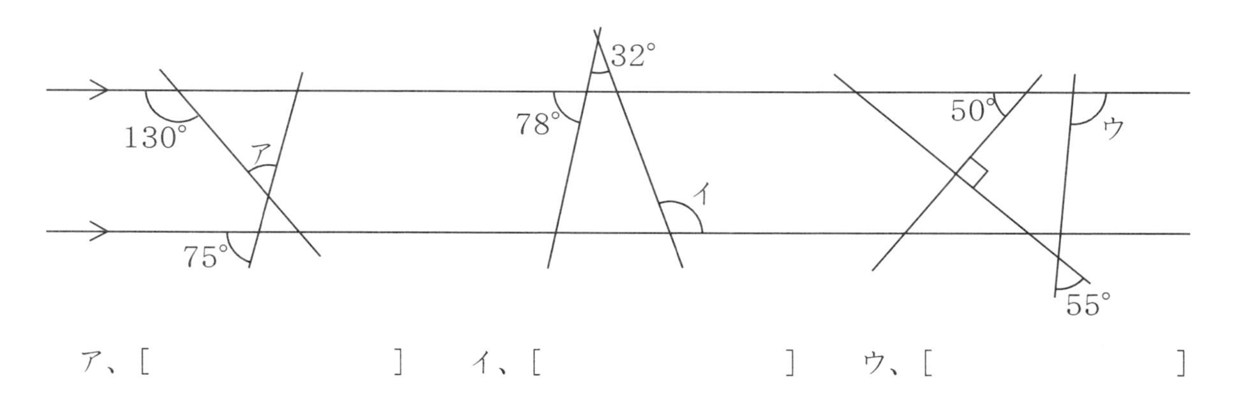

ア、[　　　　　　　　　　]　イ、[　　　　　　　　　　]　ウ、[　　　　　　　　　　]

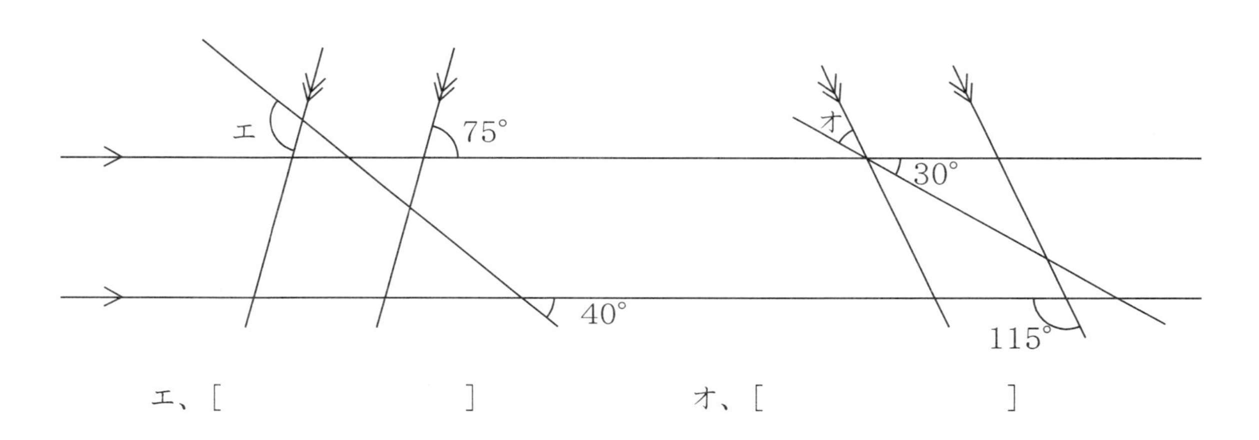

エ、[　　　　　　　　　　]　オ、[　　　　　　　　　　]

例題１１、次の角度を答えなさい。

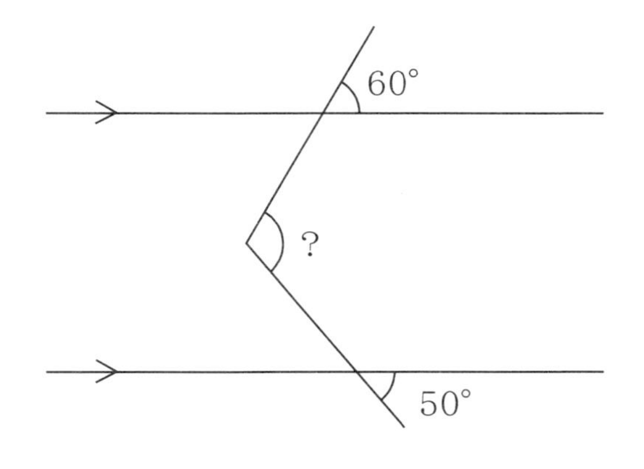

計算でうまく求める方法はないでしょうか。

補助線(ほじょせん)を１本ひくと、よく見えてきます。

対頂角・同位角・錯角

方法１、平行線を、もう１本ひいてみます。

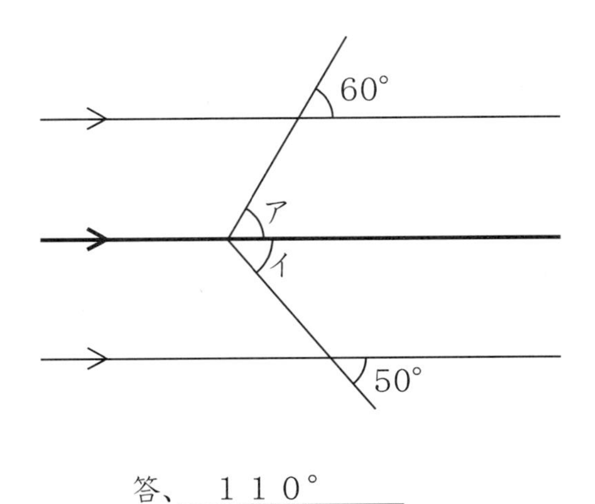

答、１１０°

？の部分を、アとイの２つに分けて考えます。
アは６０°と同位角にあたるので、６０°です。
イは５０°と同位角なので、５０°です。
？の部分はア＋イなので、
？＝６０°＋５０°＝１１０°
となります。

方法２、線を延長します。

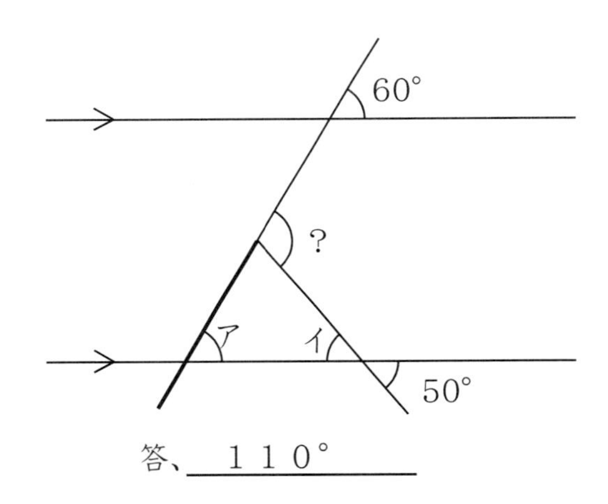

答、１１０°

アは６０°と同位角にあたるので、６０°。
イは５０°の対頂角なので、５０°です。
？は三角形の外角にあたるので、
？＝６０°＋５０°＝１１０°

うまく補助線をひくことは、図形の問題を解くひけつの１つです。
上記、どちらの方法もつかいこなせるように、しっかりと確認しておきましょう。

対頂角・同位角・錯角

問題１０、次の角度を、それぞれ計算で求めなさい。

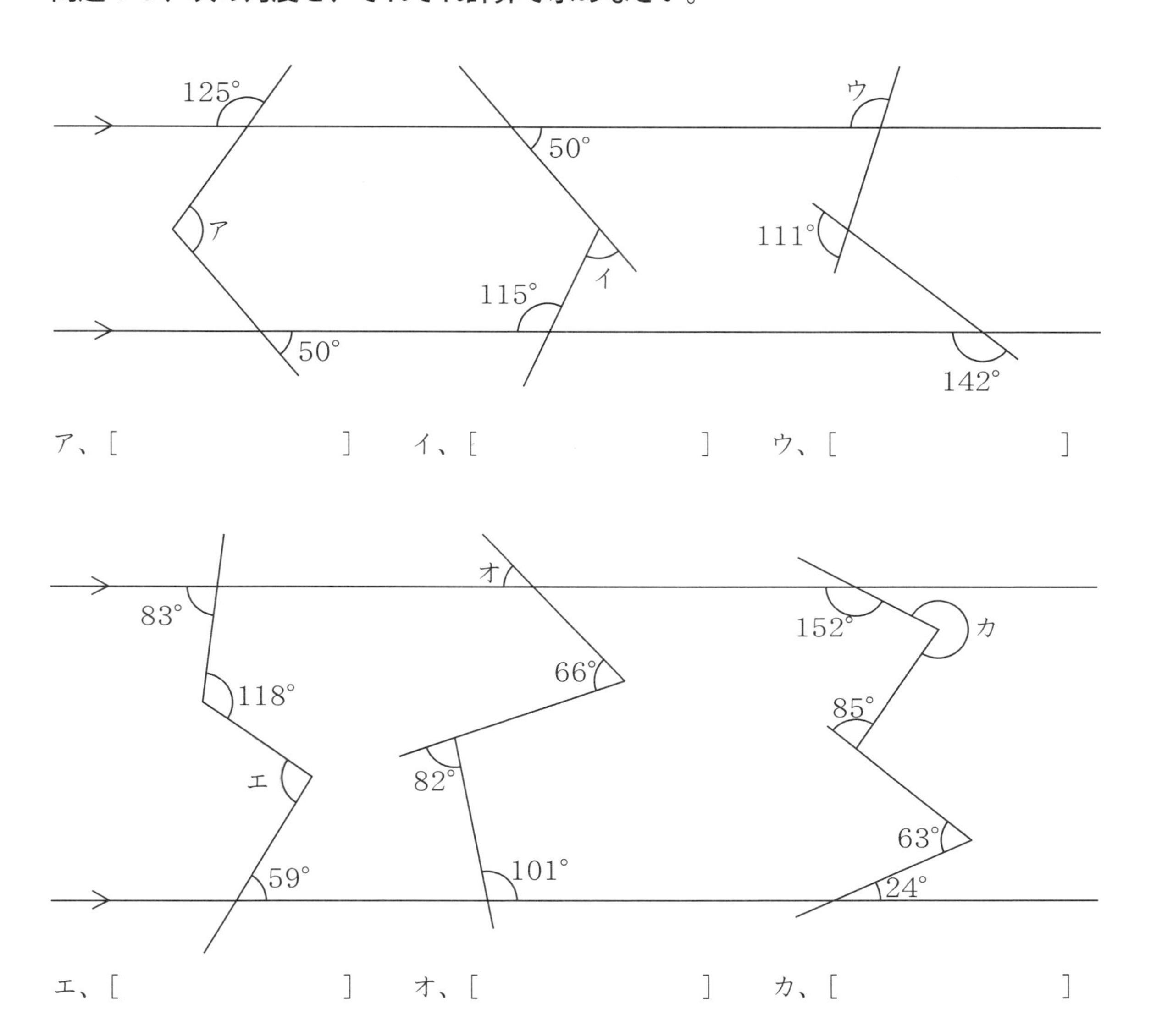

エ、[　　　　　　　]　オ、[　　　　　　　]　カ、[　　　　　　　]

エとオは補助線２本必要です。カは補助線３本必要です。

対頂角・同位角・錯角

テスト４

①、次の●の角と同じ角度の部分をあるだけ探し、記号で全て答えなさい。

（完答４点）

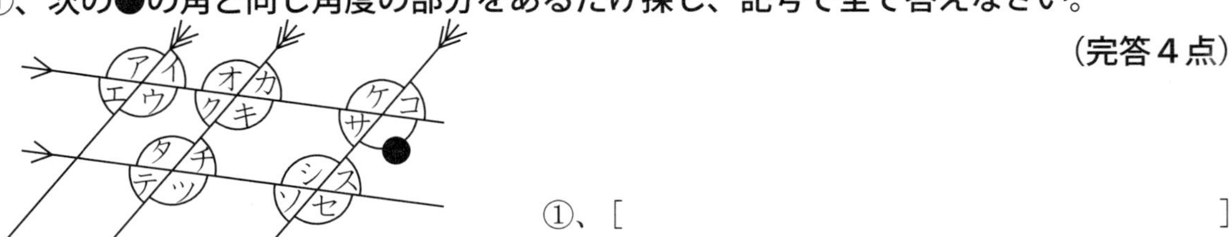

①、［　　　　　　　　　　　　　　　　　　　　］

②、次の角度を、それぞれ計算で求めなさい。（８点×１２）

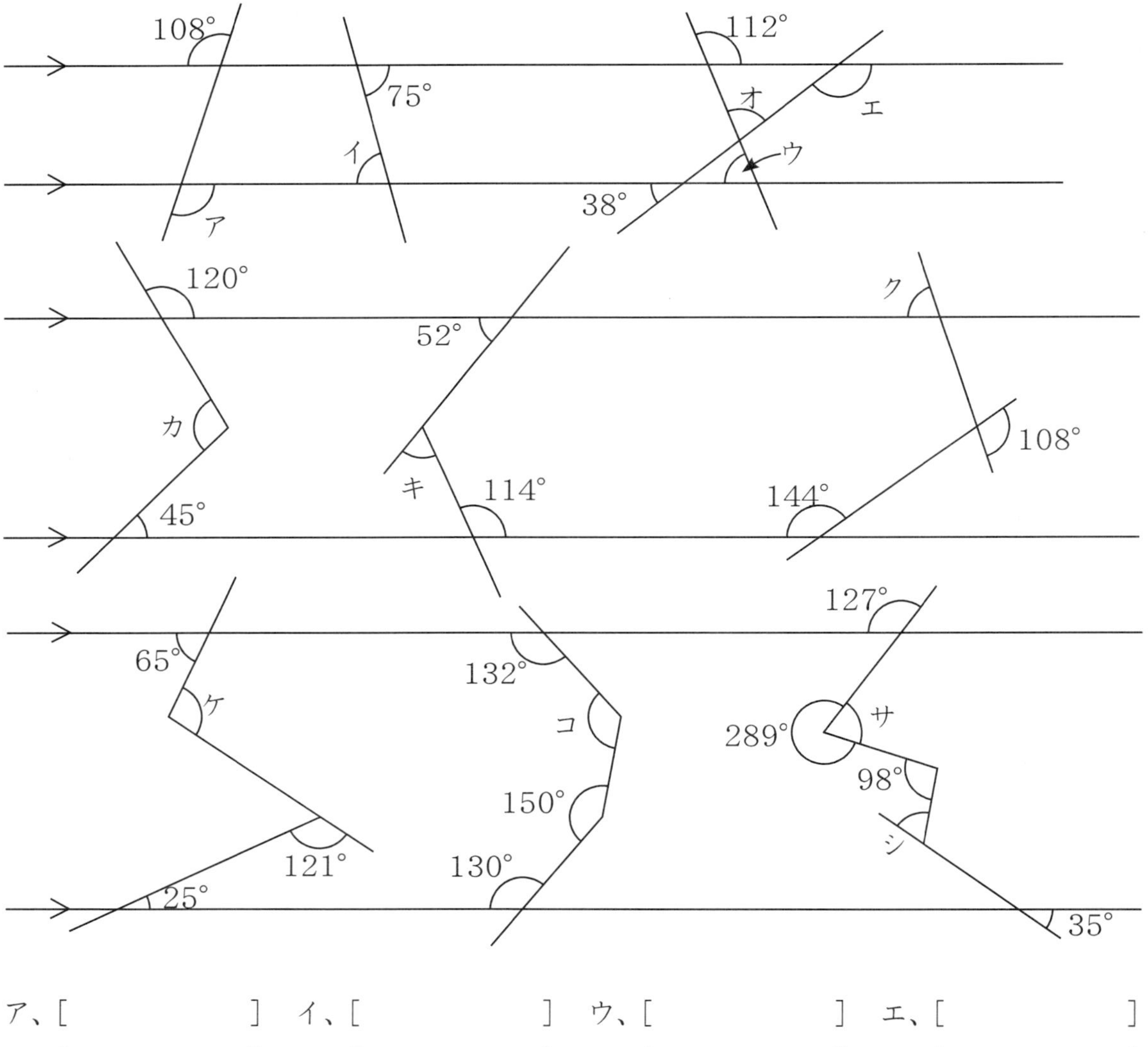

ア、［　　　　　　］　イ、［　　　　　　］　ウ、［　　　　　　］　エ、［　　　　　　］

オ、［　　　　　　］　カ、［　　　　　　］　キ、［　　　　　　］　ク、［　　　　　　］

ケ、［　　　　　　］　コ、［　　　　　　］　サ、［　　　　　　］　シ、［　　　　　　］

時計

時計の針の動く角度

確認：１時間＝６０分

長針（長い方の針）は「分」を表す。長針は１時間で１周（３６０°）する。

短針（短い方の針）は「時」を表す。短針は１２時間で１周（３６０°）する。

長針は１時間つまり６０分で３６０° 動きますから、１分に6° 動きます。

短針は１２時間で３６０° 動きますから、１時間で３０° 動きます。
また、１時間つまり６０分で３０° ですから、１分に０．５° 動きます。

覚えよう：長針は１分に６°動く。短針は１分に０．５°動く。

確認：時計の文字盤（もじばん）には６０コのめもりがある。

３６０° で６０めもりですから、１めもりは6° です。
また５めもりで３０° です。

覚えよう：時計の文字盤（もじばん）の１めもりは６°。５めもりは３０°。

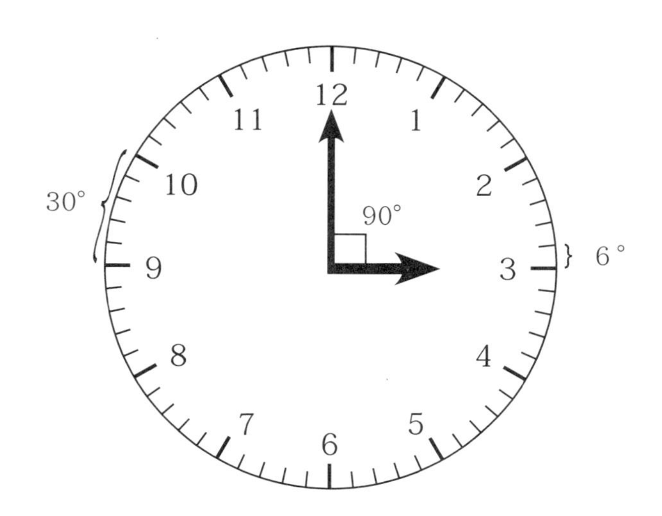

時計

例題１２、「２時」の時、長針と短針のなす角の小さい方は何度ですか。

まず、「２時」の図を書いてみましょう。
「２時」の時、長針は文字盤の「１２」を、短針は「2」をさしています。
この２本の針がなす角度は、図のアとイの２つの部分があります。問題では「小さい方」を答えなさいとありますので、アの角度を答えればよろしい。

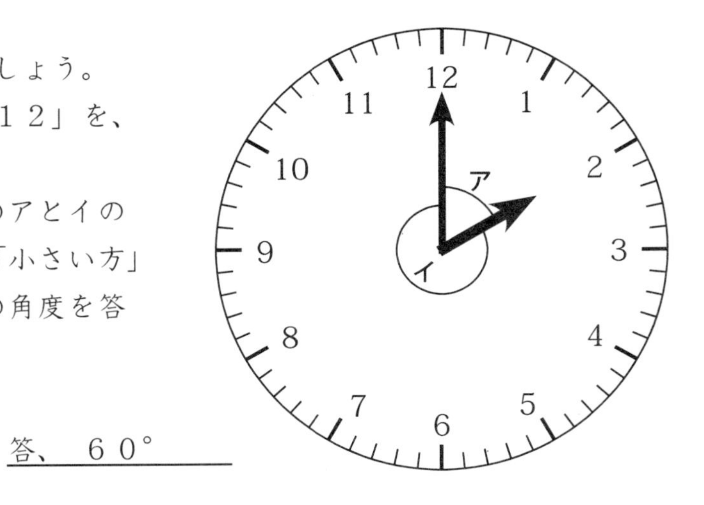

答、　６０°

問題１１：次の時刻の時に、長針と短針のなす角の小さい方を答えなさい。

①、１時　②、４時　③、７時　④、９時　⑤、６時　⑥、１２時

①、＿＿＿＿　②、＿＿＿＿　③、＿＿＿＿
④、＿＿＿＿　⑤、＿＿＿＿　⑥、＿＿＿＿

例題１３、「２時３０分」の時、長針と短針のなす角の小さい方は何度ですか。

長針は「2」、短針は「6」のところにあるから、　答、　１２０°　✕

さて、どこがまちがっているかわかりますか。
「２時３０分」の正しい図を書いてみましょう。

２時からスタートしたと考えて、長針が３０分で１８０°進む間に、短針も３０分だけ進んでいるはずです。
短針は１分に０.５°進むのでしたね。ですから３０分で　０.５°×３０分＝１５°進んでいなければなりません。
ですから、１２０°よりも１５°小さい

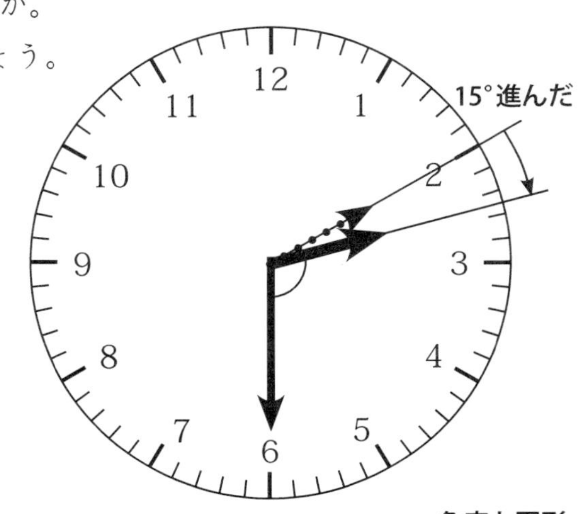

のが正解となります。

１２０°－１５°＝１０５°　　答、１０５°

もう１題やってみましょう。

例題１４、「５時４０分」の時、長針と短針のなす角の小さい方は何度ですか。

図をかいて、正しく理解してから解きましょう。

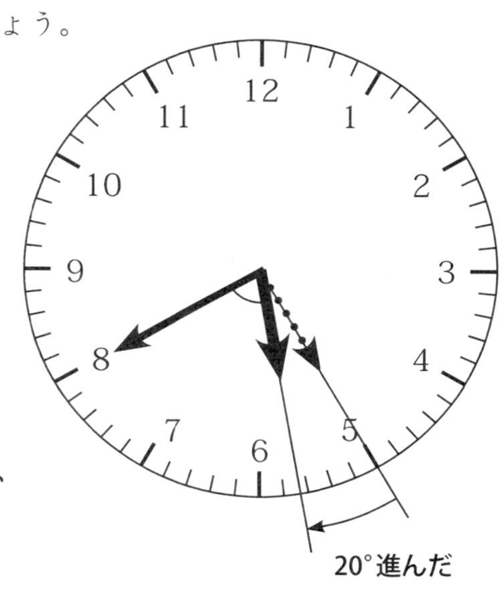

５時からスタートしたと考えて、長針が４０分進む間に、短針も４０分だけ進んでいます。

短針は１分に０.５°進むので、４０分で

０.５°×４０分＝２０°

進んでいなければなりません。

文字盤の「5」と「8」の間は、９０°です。答はそれより２０°小さい部分ですから、

９０°－２０°＝７０°

となります。

答、７０°

問題１２、次の時刻に、長針と短針のなす角の小さい方の角度を答えなさい。

①、１時１０分　②、３時５０分　③、８時３５分　④、１０時２３分

①、＿＿＿＿　②、＿＿＿＿　③、＿＿＿＿　④、＿＿＿＿

まずは、図をかいて考えるようにしましょう。

次のページの時計の文字盤を利用しましょう。

時計

下の文字盤をつかって、考えてみましょう。

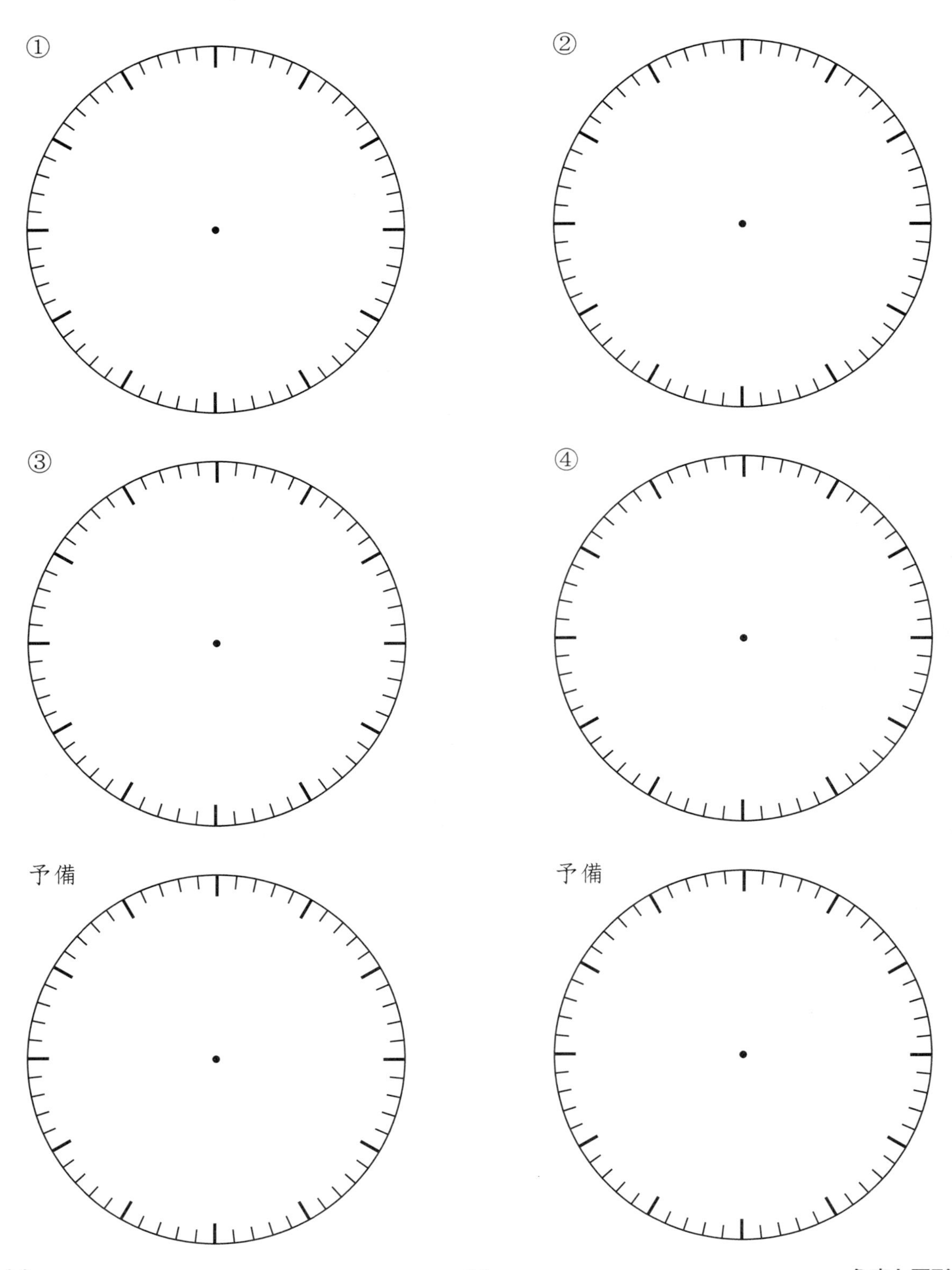

時計

テスト５、次の時刻の時に、長針と短針のなす角の小さい方を答えなさい。（各５点）

①、３時　②、５時　③、６時　④、８時　⑤、１１時　⑥、１２時
⑦、１時１５分　⑧、３時４５分　⑨、５時１０分　⑩、７時５０分
⑪、６時３０分　⑫、８時５分　⑬、１０時２５分　⑭、２時５５分
⑮、４時５分　⑯、９時１８分　⑰、１１時３３分　⑱、１２時４１分
⑲、１時４９分　⑳、８時４７分

①、＿＿＿＿　②、＿＿＿＿　③、＿＿＿＿　④、＿＿＿＿
⑤、＿＿＿＿　⑥、＿＿＿＿　⑦、＿＿＿＿　⑧、＿＿＿＿
⑨、＿＿＿＿　⑩、＿＿＿＿　⑪、＿＿＿＿　⑫、＿＿＿＿
⑬、＿＿＿＿　⑭、＿＿＿＿　⑮、＿＿＿＿　⑯、＿＿＿＿
⑰、＿＿＿＿　⑱、＿＿＿＿　⑲、＿＿＿＿　⑳、＿＿＿＿

①

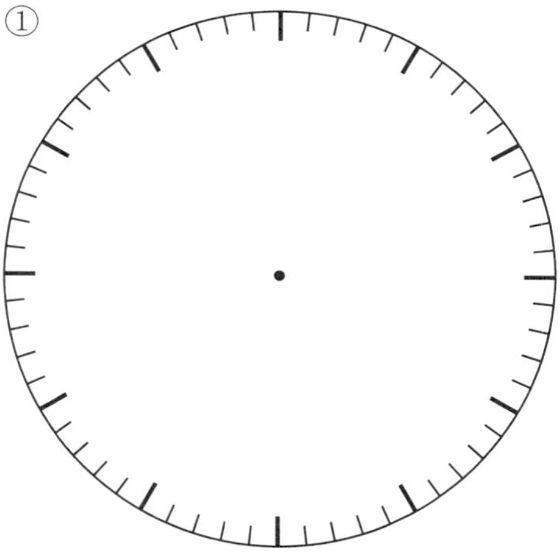

②

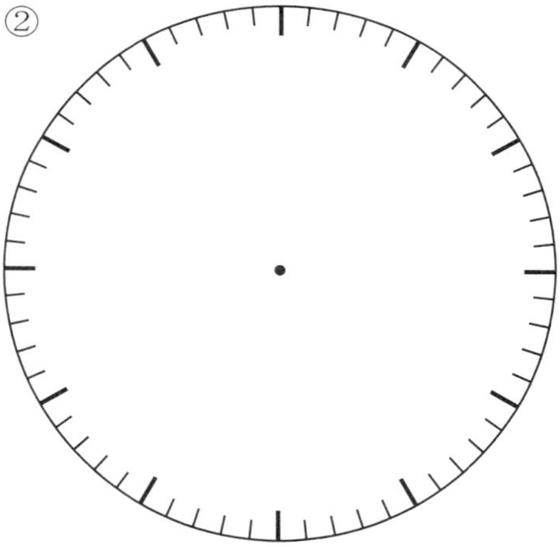

③

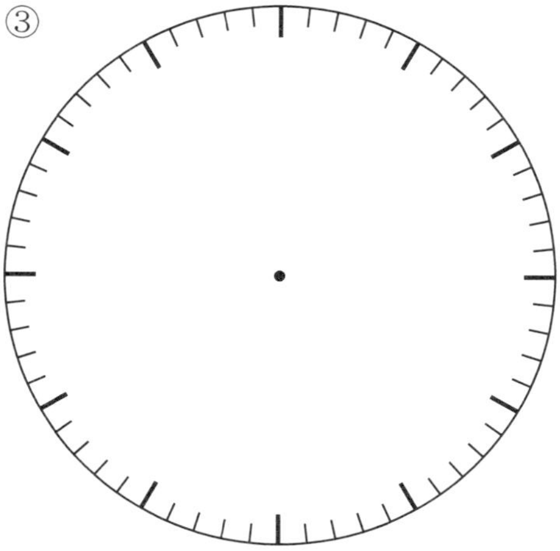

④

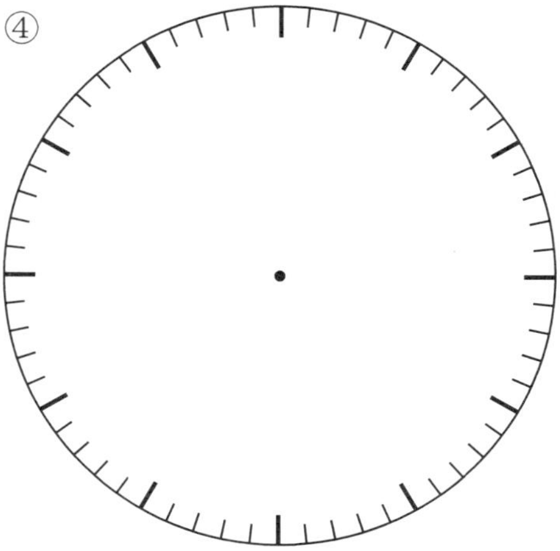

時計

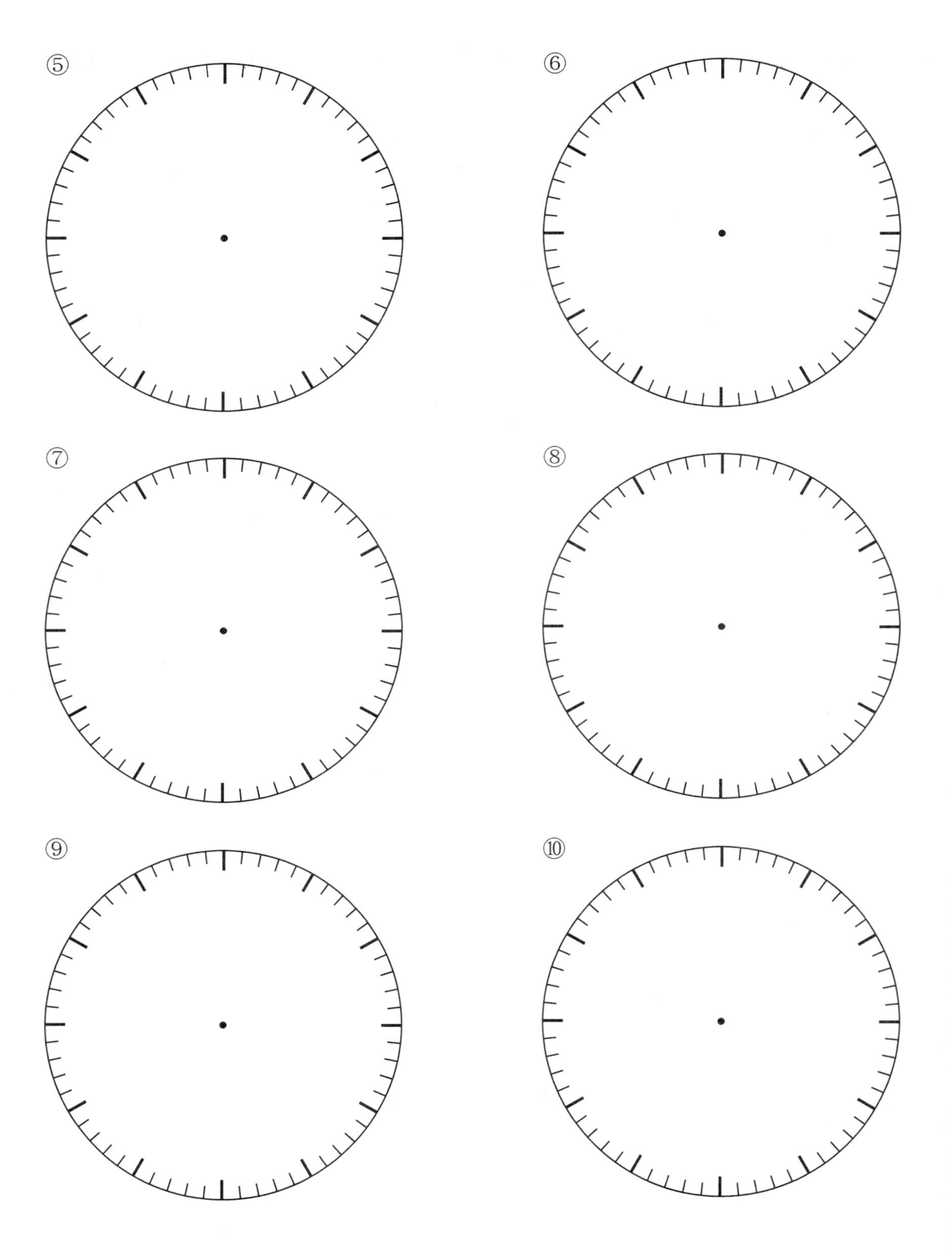

時計

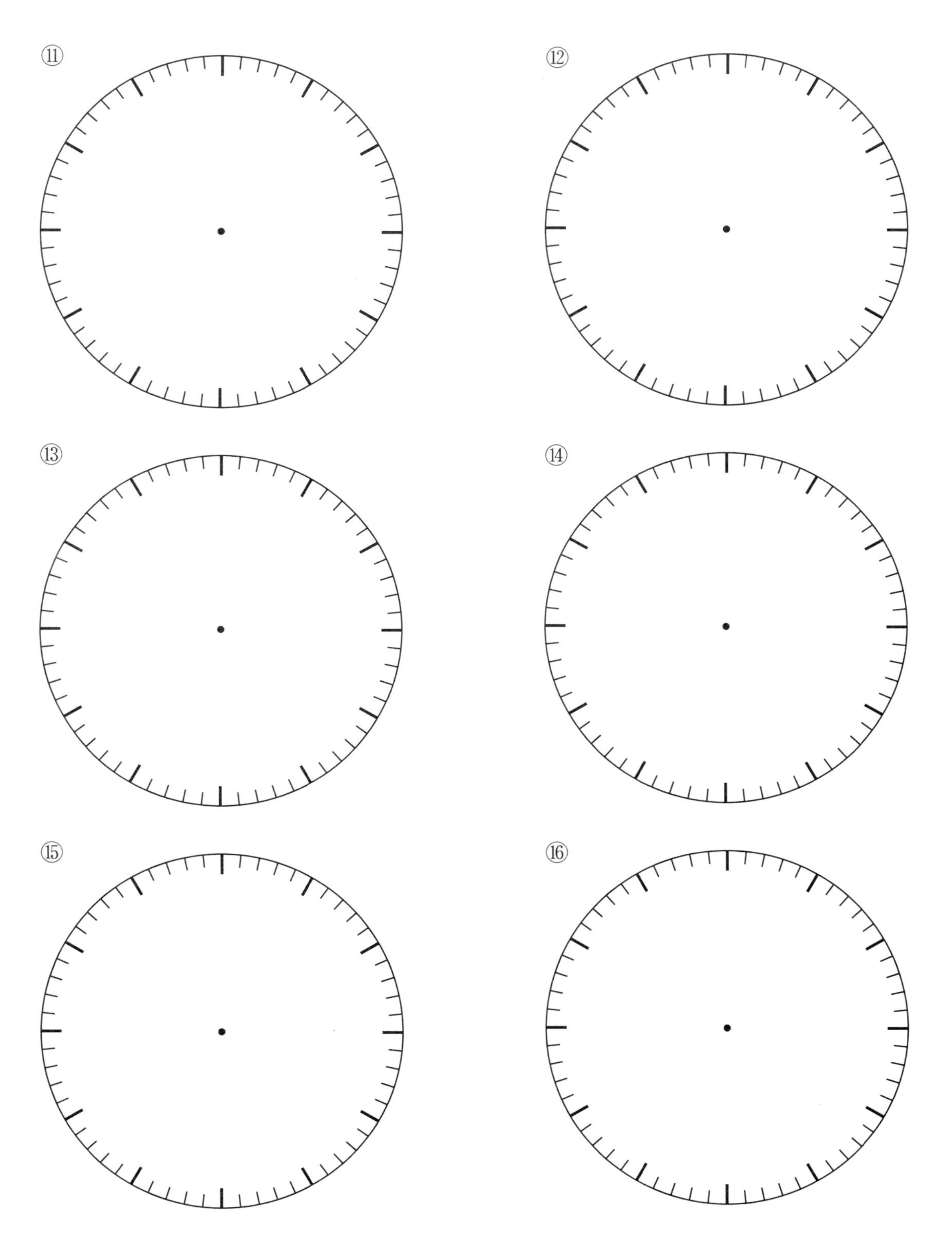

時計

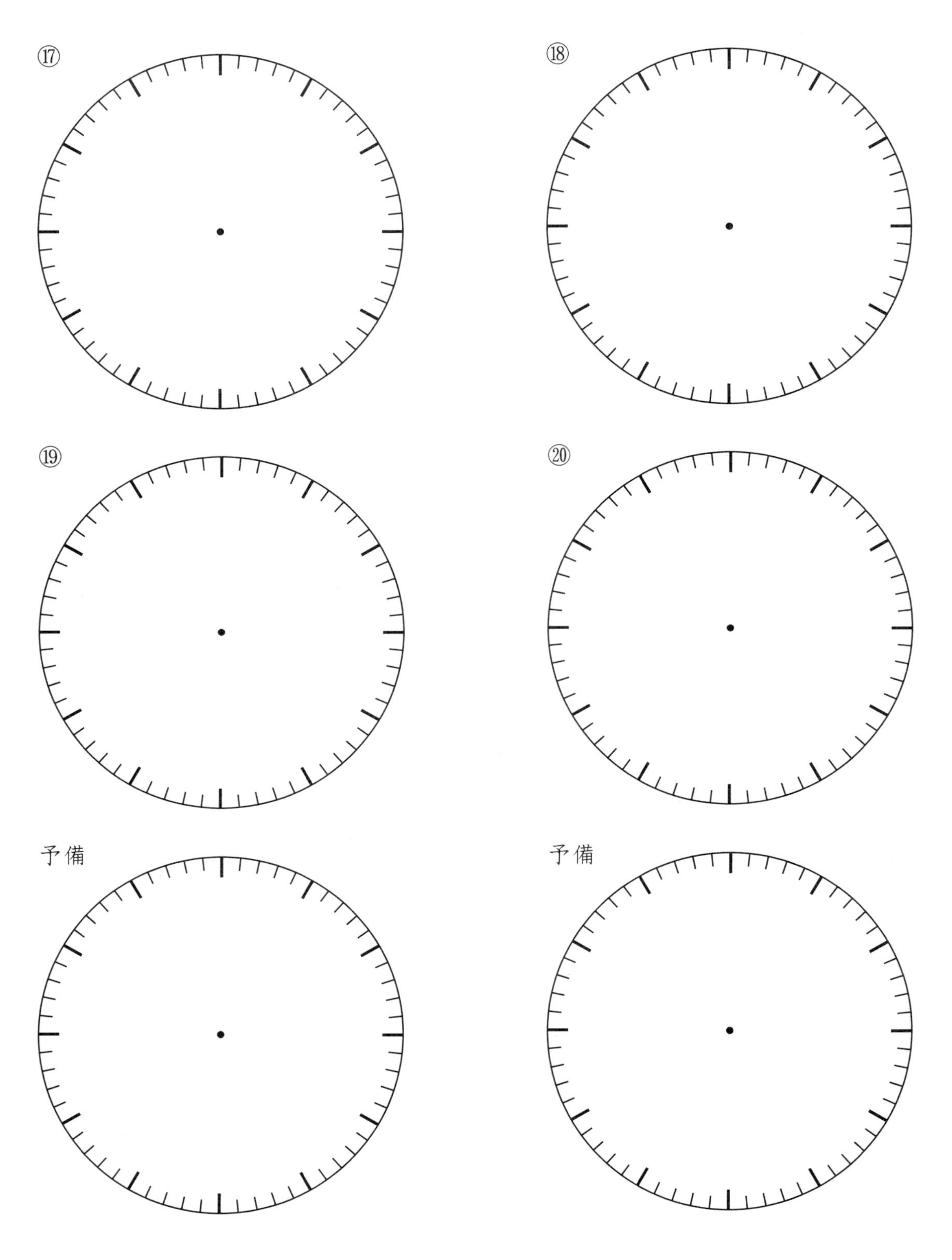

解　答

P３
問題１
ア［　辺　］　イ［　角　］　ウ［　頂点　］　エ［　角　］　オ［　辺　］　カ［　頂点　］
キ［　角　］　ク［　辺　］　ケ［　辺　］　コ［　角　］

P６
問題２
ア、　12°　　イ、　66°　　ウ、　90°　　エ、　71°　　オ、　109°
カ、　157°　　キ、　180°

P８
問題３
ア、　220°　　イ、　206°　　ウ、　298°　　エ、　270°　　オ、　345°
カ、　360°

P１０
テスト１
ア、　14°　　イ、　72°　　ウ、　191°　　エ、　137°　　オ、　314°

P１１
問題４
ア　１０３°＋２８°＝１３１°　　ア、　131°
イ　１８０°－１３１°＝４９°　　イ、　49°
ウ　１４６°－４７°＝９９°　　ウ、　99°
エ　３６０°－（１４６°＋９０°）＝１２４°　　エ、　124°

P１３
問題５
ア　４５°＋１８０°＝２２５°　　ア［　225°　］
イ　９０°＋３０°＝１２０°　　イ［　120°　］
ウ　１８０°＋９０°＝２７０°　　ウ［　270°　］
エ　９０°＋６０°＝１５０°　　エ［　150°　］
オ　３０°＋４５°＝７５°　　オ［　75°　］
カ　９０°＋４５°＝１３５°　　カ［　135°　］
キ　９０°－６０°＝３０°　　キ［　30°　］
ク　９０°－４５°＝４５°　　ク［　45°　］
ケ　１８０°－６０°＝１２０°　　ケ［　120°　］
コ　４５°－３０°＝１５°　　コ［　15°　］
サ　６０°－４５°＝１５°　　サ［　15°　］
シ　３０°＋３０°＝６０°　　シ［　60°　］

解　答

ス　６０°＋６０°＝１２０°　　コ、[１２０°]

セ　４５°＋４５°＝９０°　　シ、[９０°]

Ｐ１４

テスト２

ア　３０°＋９０°＝１２０°　　ア、[１２０°]

イ　６０°＋９０°＝１５０°　　イ、[１５０°]

ウ　３０°＋４５°＝７５°　　ウ、[７５°]

エ　９０°－６０°＝３０°　　エ、[３０°]

オ　９０°－４５°＝４５°　　オ、[４５°]

カ　５６°＋１７°＝７３°　　カ、[７３°]

キ　１５１°－７４°＝７７°　　キ、[７７°]

ク　３６０°－（１５８°＋７０°）＝１３２°　　ク、[１３２°]

ケ　１７５°－１４０°＝３５°　　ケ、[３５°]

コ　３６０°－（１７５°＋６２°）＝１２３°　　コ、[１２３°]

Ｐ１８

問題６

ア　１８０°－（５５°＋８０°）＝４５°　　ア、[４５°]

イ　１８０°－（９０°＋５０°）＝４０°　　イ、[４０°]

ウ　１８０°－４０°＝１４０°
　　あるいは　９０°＋５０°＝１４０°　　ウ、[１４０°]

エ　２７°＋５３°＝８０°　　エ、[８０°]

オ　３６０°－（２７°＋３０５°）＝２８°　　オ、[２８°]

カ　１８０°－（８０°＋２８°）＝７２°　　カ、[７２°]

キ　３６０°－（７５°＋６１°＋１０８°）＝１１６°　　キ、[１１６°]

ク　１８０°－１００°＝８０°…１００°の上の部分の角度（四角形の内角）
　　３６０°－（８０°＋６０°＋９２°）＝１２８°　　ク、[１２８°]

ケ　１２０°－５５°＝６５°…下図Ａ　　３６０°－２６５°＝９５°…下図Ｂ
　　３６０°－（６５°＋９５°＋９５°）＝１０５°　　ケ、[１０５°]

コ　１０５°－５５°＝５０°　　コ、[５０°]

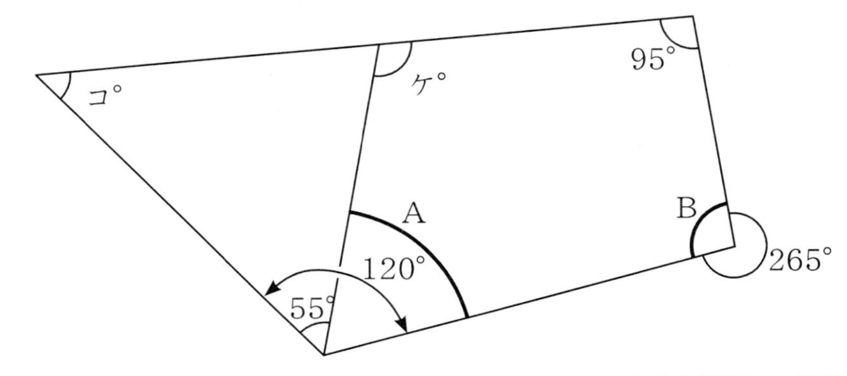

解　答

Ｐ１９

テスト３

ア　１８０°－（７９°＋４９°）＝５２°　　ア、［　５２°］

イ　１８０°－（８２°＋２５°）＝７３°　　イ、［　７３°］

ウ　１８０°－７３°＝１０７°

あるいは　８２°＋２５°＝１０７°　　ウ、［１０７°］

エ　１８０°－（５７°＋２６°）＝９７°　　エ、［　９７°］

オ　１８０°－９７°＝８３°

あるいは　５７°＋２６°＝８３°　　オ、［　８３°］

カ　１８０°－（８３°＋４１°）＝５６°

あるいは　９７°－４１°＝　５６°　　カ、［　５６°］

キ　３６０°－（１１９°＋７３°＋５８°）＝１１０°　　キ、［１１０°］

ク　１８０°－９３°＝８７°…９３°の下の部分の角度（四角形の内角）

３６０°－（８７°＋６４°＋８２°）＝１２７°　　ク、［１２７°］

ケ　１１９°－６１°＝５８°…下図Ａ　　３６０°－２８４°＝７６°…下図Ｂ

１８０°－９２°＝８８°…下図Ｃ　　３６０°－（５８°＋７６°＋８８°）＝１３８°

ケ、［１３８°］

コ　１３８°－６１°＝７７°　　コ、［　７７°］

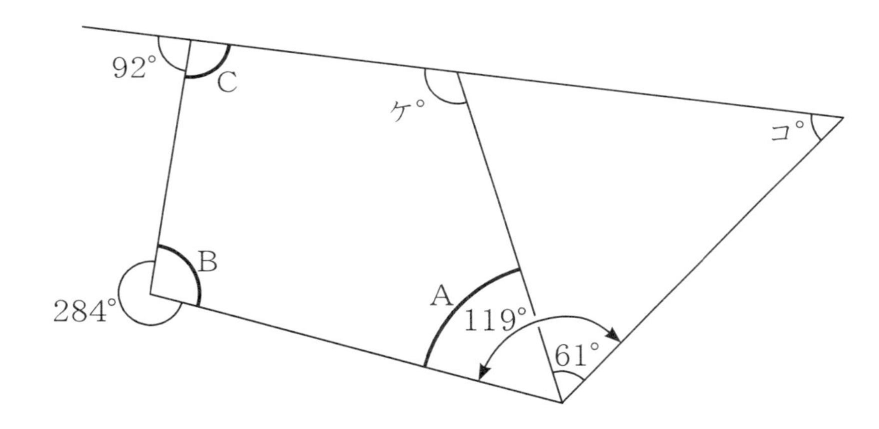

Ｐ２３

問題７

①［ア　ウ　キ］　②［ア　ウ　キ］　③［イ　エ　カ　ケ　サ　ス　ソ］

問題８

ア、［１１５°］　イ、［１１５°］　ウ、［　７８°］

エ　１８０°－７８°＝１０２°　エ、［１０２°］

オ　１８０°－１３７°＝４３°　オ、［　４３°］

カ、［　２３°］

解　答

P２７

問題９

ア　A＝７５°（同位角）　　ア＝１３０°－７５°＝５５°（三角形の外角）　　**ア、[　５５°　]**

イ　B＝７８°（錯角）　　イ＝３２°＋７８°＝１１０°（三角形の外角）　　**イ、[　１１０°　]**

ウ　C＝５０°（錯角）　　D＝９０°－５０°＝４０°（９０°は三角形の外角）　　E＝D＝４０°（対頂角）

　　F＝５５°（対頂角）　　G＝E＋F＝４０°＋５５°＝９５°（三角形の外角）

　　ウ＝G＝９５°（錯角）　　**ウ、[　９５°　]**

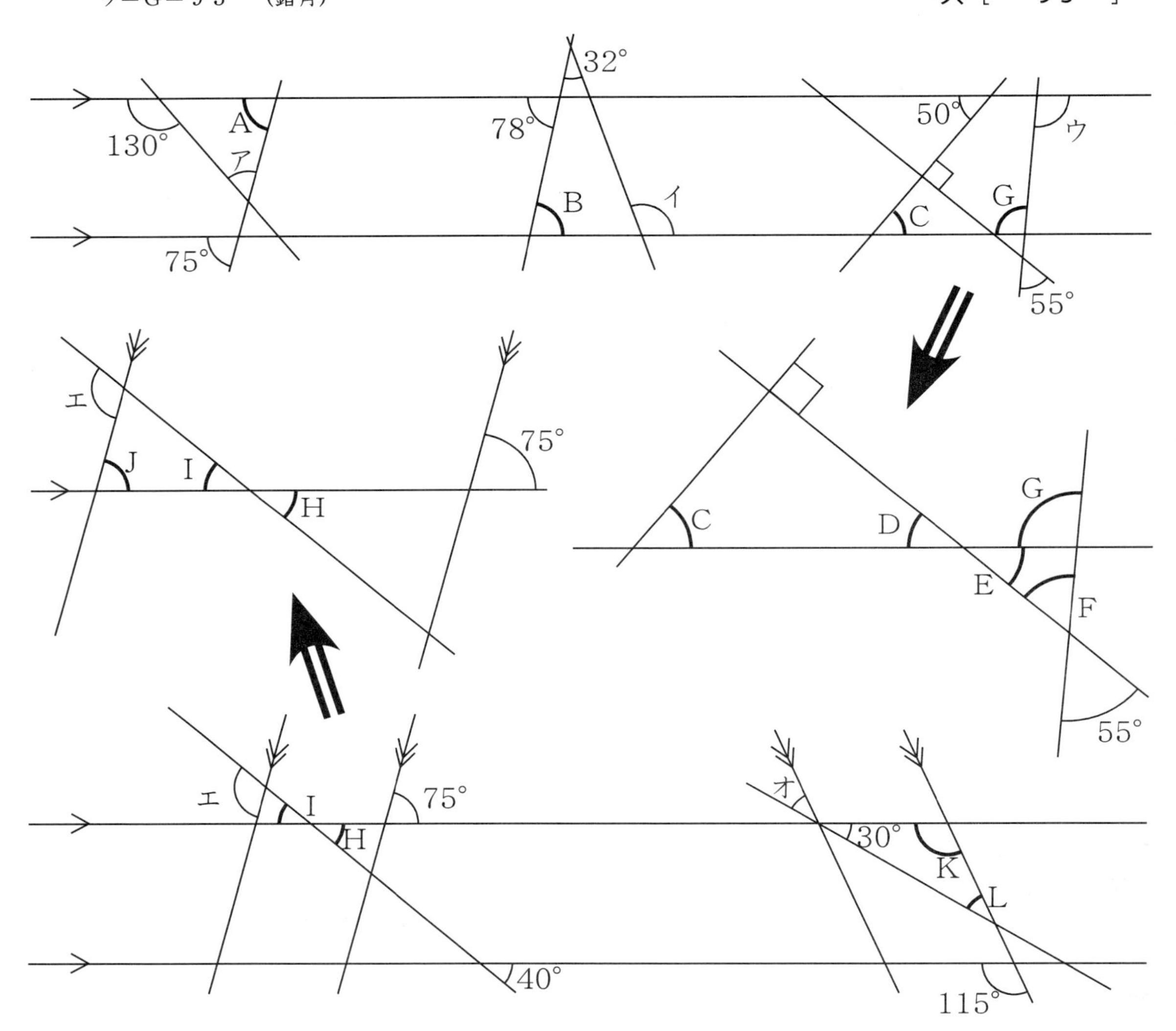

エ　H＝４０°（同位角）　　I＝H＝４０°（対頂角）　　J＝７５°（同位角）

　　エ＝I＋J＝４０°＋７５°＝１１５°（三角形の外角）　　**エ、[　１１５°　]**

オ　K＝１１５°（同位角）　　L＝１８０°－（３０°＋１１５°）＝３５°

　　オ＝L＝３５°（同位角）　　**オ、[　３５°　]**

解　答

Ｐ２９

問題１０

ア　Ａ＝１８０°－１２５°＝５５°　　Ｂ＝Ａ＝５５°（錯角）　　Ｃ＝５０°（同位角）
　　ア＝Ｂ＋Ｃ＝５５°＋５０°＝１０５°　　　　　　　　　　　　　　ア、［　１０５°　］

イ　Ｄ＝５０°（錯角）　Ｅ＝１８０°－１１５°＝６５°　　Ｆ＝Ｅ＝６５°（錯角）
　　イ＝１８０°－（Ｄ＋Ｆ）＝１８０°－（５０°＋６５°）＝６５°　　　　イ、［　　６５°　］

ウ　Ｇ＝１８０°－１４２°＝３８°　Ｇ＝Ｈ＝３８°（錯角）　Ｈ＋Ｊ＝１１１°（対頂角）
　　Ｊ＝１１１°－３８°＝７３°　　Ｋ＝Ｊ＝７３°（錯角）　ウ＝１８０°－７３°＝１０７°
　　　　　　　　　　　　　　　　　　　　　　　　　　　　　　　　ウ、［　１０７°　］

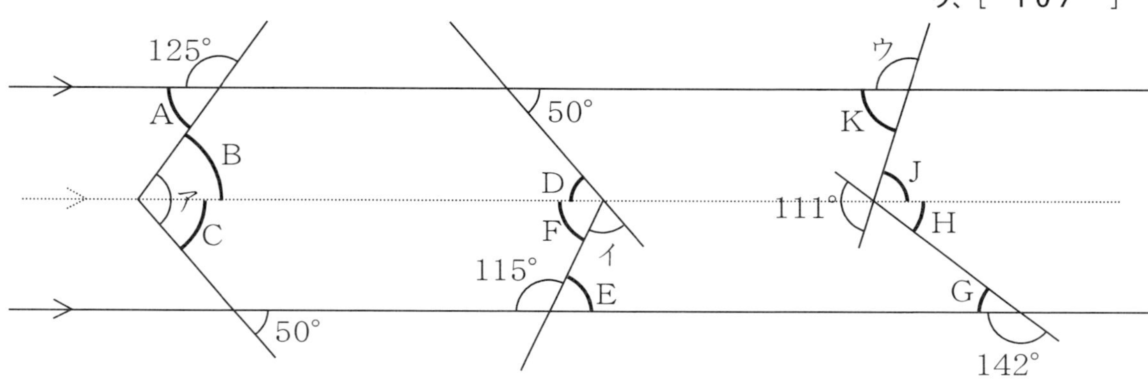

エ　Ｌ＝８３°（錯角）　Ｍ＝１１８°－８３°＝３５°　　Ｎ＝Ｍ＝３５°（錯角）　Ｏ＝５９°（錯角）
　　エ＝Ｎ＋Ｏ＝３５°＋５９°＝９４°　　　　　　　　　　　　　エ、［　　９４°　］

オ　Ｐ＝１０１°（同位角）　Ｑ＝１０１°－８２°＝１９°　　Ｒ＝Ｑ＝１９°（同位角）
　　Ｓ＝６６°－１９°＝４７°　　オ＝Ｓ＝４７°（同位角）　　　　　オ、［　　４７°　］

カ　Ｔ＝１５２°（錯角）　Ｕ＝２４°（錯角）　Ｖ＝６３°－２４°＝３９°　　Ｗ＝Ｖ＝３９°（同位角）
　　Ｘ＝３９°＋８５°＝１２４°　　Ｙ＝Ｘ＝１２４°（錯角）
　　カ＝Ｔ＋Ｙ＝１５２°＋１２４°＝２７６°　　　　　　　　　　カ、［　２７６°　］

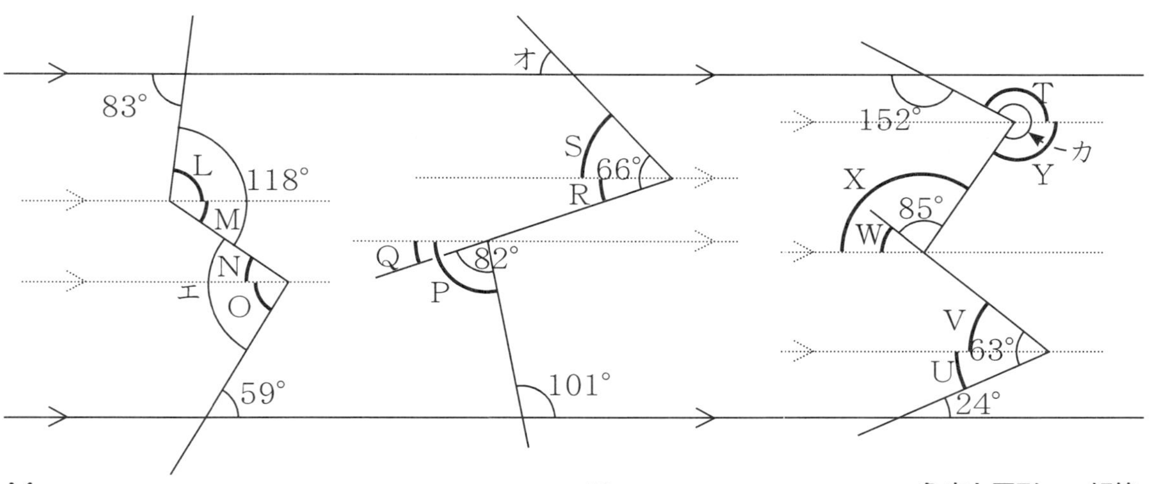

解　答

P３０

テスト４

① ［ **ア　ウ　オ　キ　ケ　シ　セ　タ　ツ** ］

②

ア　A＝１０８°（対頂角）　ア＝A＝１０８°（同位角）　**ア、［ 108° ］**

イ　イ＝７５°（錯角）　**イ、［ 75° ］**

ウ　B＝１１２°（同位角）　ウ＝１８０°－１１２°＝６８°　**ウ、［ 68° ］**

エ　C＝３８°（同位角）　エ＝１８０°－３８°＝１４２°　**エ、［ 142° ］**

オ　D＝３８°（対頂角）　D＋ウ＋E＝１８０°（三角形の内角）

E＝１８０°－（３８°＋６８°）＝７４°　オ＝E＝７４°（対頂角）　**オ、［ 74° ］**

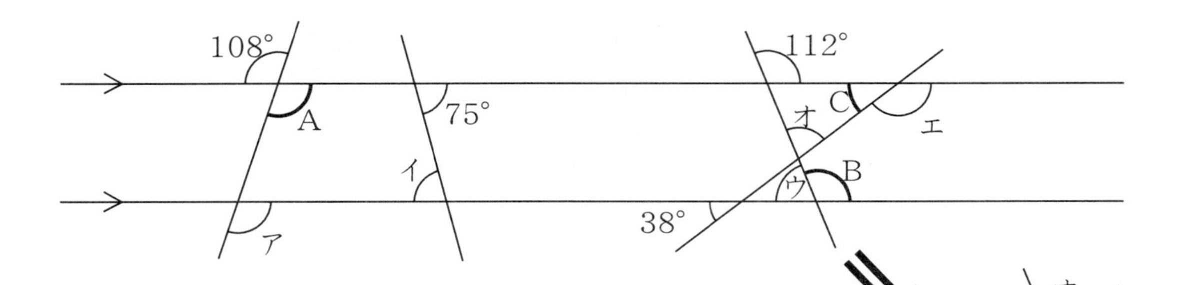

カ　F＝１８０°－１２０°＝６０°　G＝F＝６０°（錯角）

H＝４５°（錯角）　カ＝G＋H＝６０°＋４５°＝１０５°

カ、［ 105° ］

キ　I＝１１４°（錯角）　J＝５２°（同位角）

キ＝I－J＝１１４°－５２°＝６２°

キ、［ 62° ］

ク　K＝１８０°－１４４°＝３６°　L＝３６°（錯角）　M＝１０８°（対頂角）

N＝M－L＝１０８°－３６°＝７２°　ク＝N＝７２°（同位角）　**ク、［ 72° ］**

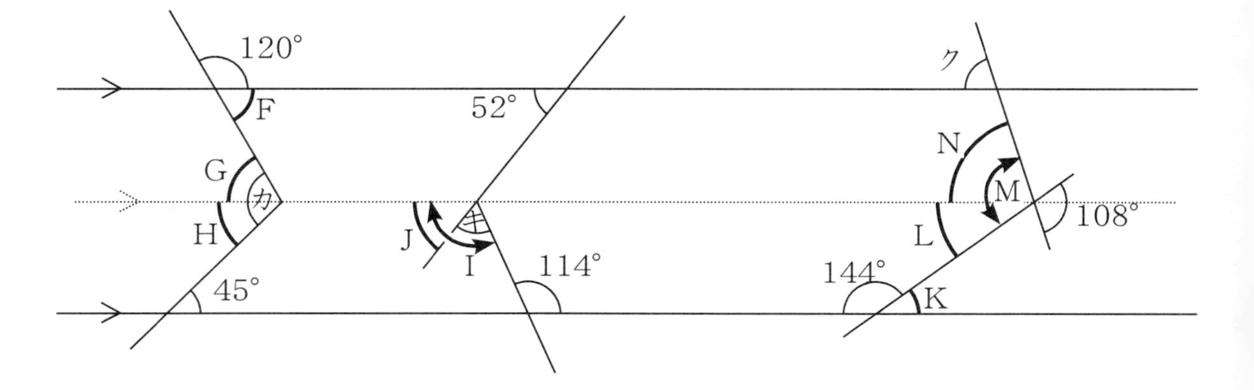

解　答

Ｐ３０

テスト４

②

ケ　Ａ＝２５°（錯角）　Ｂ＋Ａ＋１２１°＝１８０°　Ｂ＝１８０°－（２５°＋１２１°）＝３４°

Ｃ＝Ｂ＝３４°（錯角）　Ｄ＝６５°（錯角）　ケ＝Ｃ＋Ｄ＝３４°＋６５°＝９９°

ケ、［　９９°］

コ　Ｅ＝１８０°－１３０°＝５０°　Ｆ＝Ｅ＝５０°（錯角）　Ｇ＝１５０°－５０°＝１００°

Ｈ＝Ｇ＝１００°（錯角）　Ｉ＝１３２°（錯角）　Ｈ＋Ｉ＋コ＝３６０°

コ＝３６０°－（１００°＋１３２°）＝１２８°　**コ、［　１２８°］**

サ　サ＝３６０°－２８９°＝７１°　**サ、［　７１°］**

シ　Ｊ＝１８０°－１２７°＝５３°　Ｋ＝Ｊ＝５３°（同位角）　Ｌ＝サ－Ｋ＝７１°－５３°＝１８°

Ｍ＝Ｌ＝１８°（錯角）　Ｎ＝９８°－１８°＝８０°　Ｏ＝Ｎ＝８０°（錯角）

Ｐ＝３５°（同位角）　シ＋Ｏ＋Ｐ＝１８０°　シ＝１８０°－（８０°＋３５°）＝６５°

シ、［　６５°］

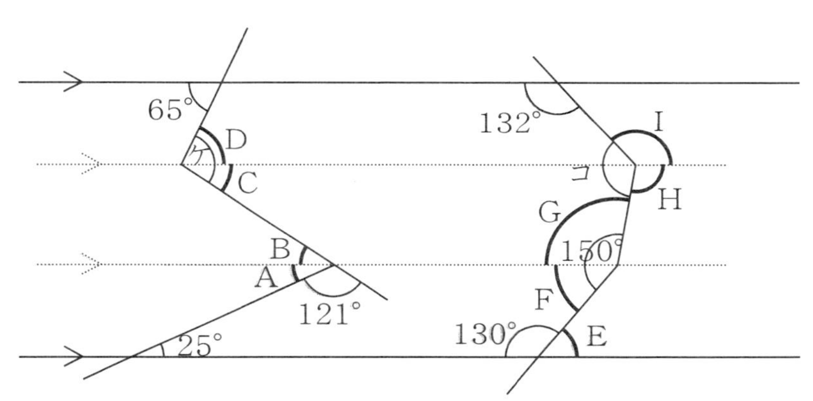

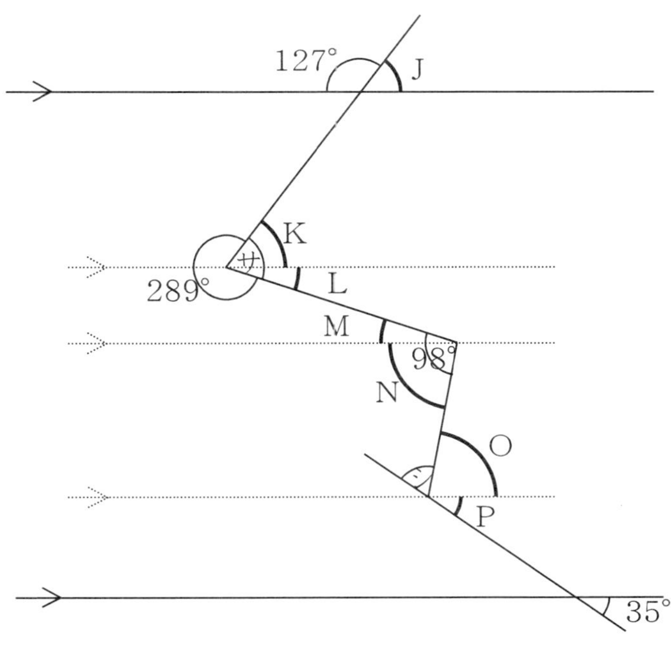

解　答

Ｐ３２

問題１１

①、３０°　　②、１２０°　　③、１５０°

④、９０°　　⑤、１８０°　　⑥、０°

※③、④は「小さい方の角度」に注意して下さい。

Ｐ３３

問題１２

①　０．５°×１０分＝５°…短針の動いた角度　　文字盤の「1」から「2」までは３０°

３０°－５°＝２５°

②、０．５°×５０分＝２５°…短針の動いた角度　　文字盤の「１０」から「3」までは１５０°

１５０°＋２５°＝１７５°

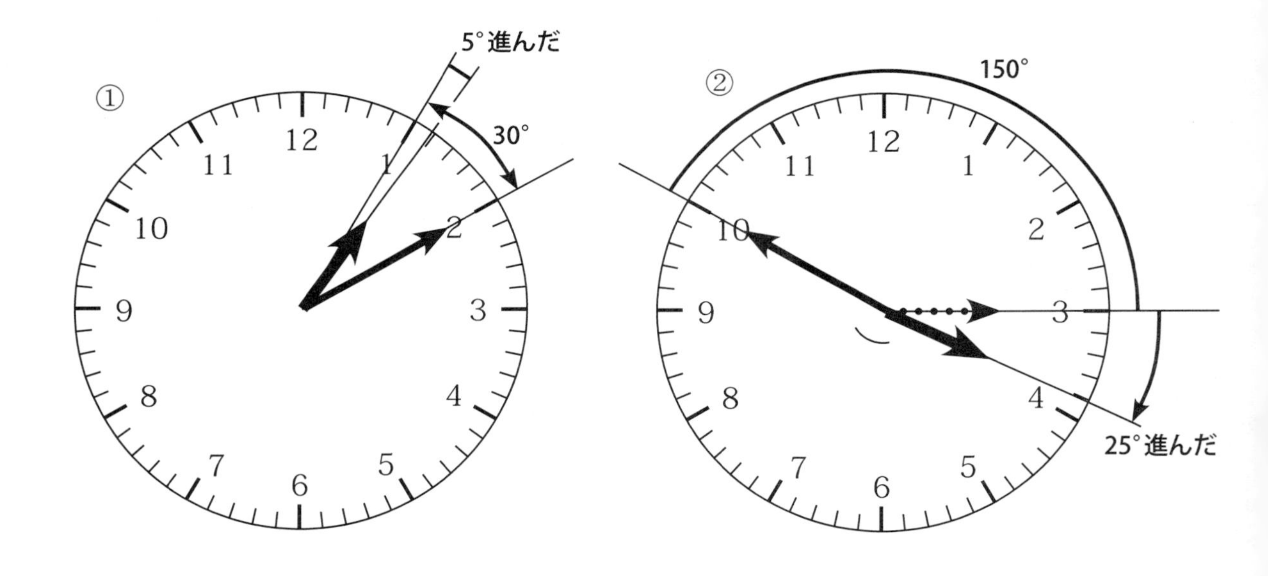

③、０．５°×３５分＝１７．５°…短針の動いた角度　　文字盤の「7」から「8」までは３０°。

３０°＋１７．５°＝４７．５°

④、０．５°×２３分＝１１．５°…短針の動いた角度　　文字盤の「5」から「１０」までは１５０°（きりのいい場所で考えると、計算しやすい）　６°×２めもり＝１２°…次ページの図のアの部分

１５０°＋１１．５°＋１２°＝１７３．５°

M. access（エム・アクセス）編集　認知工学発行の既刊本

★は最も適した時期
●はお勧めできる時期

サイパー®思考力算数練習帳シリーズ		対象学年	小1	小2	小3	小4	小5	小6	受験
シリーズ１　文章題 たし算・ひき算１　新装版	たし算・ひき算の文章題を絵や図を使って練習します。 ISBN978-4-86712-101-6 本体 600 円 (税別)		★	●	●				
シリーズ２　文章題 比較・順序・線分図　新装版	数量の変化や比較の複雑な場合までを練習します。 ISBN978-4-86712-102-3 本体 600 円 (税別)			★	●	●			
シリーズ３　文章題 和差算・分配算　新装版	線分図の意味を理解し、自分で描く練習します。 ISBN978-4-86712-103-0 本体本体 600 円 (税別)				★	●	●	●	●
シリーズ４　文章題 たし算・ひき算　２　新装版	シリーズ１の続編、たし算・ひき算の文章題。 ISBN978-4-86712-104-7 本体 600 円 (税別)		★	●	●				
シリーズ５ 量　倍と単位あたり　新装版	倍と単位当たりの考え方を直感的に理解できます。 ISBN978-4-86712-105-4 本体 600 円 (税別)					★	●	●	
シリーズ６　文章題 どっかい算１　新装版	問題文を正確に読解することを練習します。整数範囲。 ISBN978-4-86712-106-1 本体 600 円 (税別)				●	★	●	●	
シリーズ７　パズル ＋－×÷パズル１　新装版	＋－×÷のみを使ったパズルで、思考力がつきます。 ISBN978-4-86712-107-8 本体 600 円 (税別)				●	★	●	●	
シリーズ８　文章題 速さと旅人算　新装版	速さの意味を理解します。旅人算の基礎まで。 ISBN978-4-86712-108-5 本体 600 円 (税別)				●	★	●	●	
シリーズ９　パズル ＋－×÷パズル２	＋－×÷のみを使ったパズル。シリーズ７の続編。 ISBN978-4-901705-08-0 本体 500 円 (税別)				●	★	●	●	
シリーズ１０ 倍から割合へ 売買算　新装版	倍と割合が同じ意味であることで理解を深めます。 ISBN978-4-86712-110-8 本体 600 円 (税別)					●	★	●	●
シリーズ１１　文章題 つるかめ算・差集め算の考え方　新装版	差の変化に着目して意味を理解します。整数範囲。 ISBN978-4-86712-111-5 本体 600 円 (税別)					●	★	●	●
シリーズ１２　文章題 周期算　新装版	わり算の意味と周期の関係を深く理解します。整数範囲。 ISBN978-4-86712-112-2 本体 600 円 (税別)				●	★	●	●	●
シリーズ１３　図形 点描写　１　新装版　立方体など	点描写を通じて立体感覚・集中力・短期記憶を訓練。 ISBN978-4-86712-113-9 本体 600 円 (税別)		★	★	★	●	●	●	●
シリーズ１４　パズル 素因数パズル　新装版	素因数分解をパズルを楽しみながら理解します。 ISBN978-4-86712-114-6 本体 600 円 (税別)				●	★	●	●	
シリーズ１５　文章題 方陣算　１	中空方陣・中実方陣の意味から基礎問題まで。整数範囲。 ISBN978-4-901705-14-1 本体 500 円 (税別)				●	★	●	●	●
シリーズ１６　文章題 方陣算　２	過不足を考える。２列３列の中空方陣。整数範囲。 ISBN978-4-901705-15-8 本体 500 円 (税別)				●	★	●	●	●
シリーズ１７　図形 点描写　２　新装版　線対称	点描写を通じて線対称・集中力・図形センスを訓練。 ISBN978-4-86712-117-7 本体 600 円 (税別)		★	★	★	●	●	●	●
シリーズ１８　図形 点描写　３　新装版　点対称	点描写を通じて点対称・集中力・図形センスを訓練。 ISBN978-4-86712-118-4 本体 600 円 (税別)		●	★	★	●	●	●	●
シリーズ１９　パズル 四角わけパズル　初級	面積と約数の感覚を鍛えるパズル。九九の範囲で解ける。 ISBN978-4-901705-18-9 本体 500 円 (税別)			★	●	●	●	●	
シリーズ２０　パズル 四角わけパズル　中級	２桁×１桁の掛け算で解ける。８×８～１６×１６のマスまで。 ISBN978-4-901705-19-6 本体 500 円 (税別)			★	●	●	●	●	
シリーズ２１　パズル 四角わけパズル　上級	１０×１０～１６×１６のマスまでのサイズです。 ISBN978-4-901705-20-2 本体 500 円 (税別)			●	★	●	●	●	
シリーズ２２　作業 暗号パズル	暗号のルールを正確に実行することで作業性を高めます。 ISBN978-4-901705-21-9 本体 500 円 (税別)						★	●	●
シリーズ２３　場合の数１ 書き上げて解く 順列　新装版	場合の数の順列を順序よく書き上げて作業性を高めます。 ISBN978-4-86712-123-8 本体 600 円 (税別)					●	★	★	●
シリーズ２４　場合の数２ 書き上げて解く 組み合わせ　新装版	場合の数の組み合わせを書き上げて作業性を高めます。 ISBN978-4-86712-124-5 本体 600 円 (税別)					●	★	★	●
シリーズ２５　パズル ビルディングパズル　初級	階数の異なるビルを当てはめる。立体感覚と思考力を育成。 ISBN978-4-901705-24-0 本体 500 円 (税別)		●	★	★	★	●	●	●
シリーズ２６　パズル ビルディングパズル　中級	ビルの入るマスは５行５列。立体感覚と思考力を育成。 ISBN978-4-901705-25-7 本体 500 円 (税別)				●	★	★	★	●
シリーズ２７　パズル ビルディングパズル　上級	ビルの入るマスは６行６列。大人でも十分楽しめます。 ISBN978-4-901705-26-4 本体 500 円 (税別)						●	●	★
シリーズ２８　文章題 植木算　新装版	植木算の考え方を基礎から学びます。整数範囲。 ISBN978-4-86712-128-3 本体 600 円 (税別)					★	●	●	●
シリーズ２９　文章題 等差数列　上　新装版	等差数列を基礎から理解できます。３桁÷２桁の計算あり。 ISBN978-4-86712-129-0 本体 600 円 (税別)					●	★	●	●
シリーズ３０　文章題 等差数列　下	整数の性質・規則性の理解もできます。３桁÷２桁の計算 ISBN978-4-901705-29-5 本体 500 円 (税別)					●	★	●	●
シリーズ３１　文章題 まんじゅう算	まんじゅう１個の重さを求める感覚。小学生のための方程式。 ISBN978-4-901705-30-1 本体 500 円 (税別)					●	★	★	●
シリーズ３２　単位 単位の換算　上　新装版	長さ等の単位の換算を基礎から徹底的に学習します。 ISBN978-4-86712-132-0 本体 600 円 (税別)					★	●	●	●

M. access（エム・アクセス）編集　認知工学発行の既刊本

★は最も適した時期
●はお勧めできる時期

サイパー®思考力算数練習帳シリーズ

		対象学年 小1	小2	小3	小4	小5	小6	受験
シリーズ３３　単位 単位の換算　中	時間等の単位の換算を基礎から徹底的に学習します。 ISBN978-4-901705-32-5 本体 500 円 (税別)				●	★	●	●
シリーズ３４　単位 単位の換算　下	速さ等の単位の換算を基礎から徹底的に学習します。 ISBN978-4-901705-33-2 本体 500 円 (税別)				●	★	●	●
シリーズ３５　数の性質１ 倍数・公倍数	倍数の意味から公倍数の応用問題までを徹底的に学習。 ISBN978-4-901705-34-9 本体 500 円 (税別)					★	●	●
シリーズ３６　数の性質２ 約数・公約数　新装版	約数の意味から公約数の応用問題までを徹底的に学習。 ISBN978-4-86712-136-8 本体 600 円 (税別)					★	●	●
シリーズ３７　文章題 消去算	消去算の基礎から応用までを整数範囲で学習します。 ISBN978-4-901705-36-3 本体 500 円 (税別)					★	●	●
シリーズ３８　図形 角度の基礎　新装版	角度の測り方から、三角定規・平行・時計などを練習。 ISBN978-4-86712-138-2 本体 600 円 (税別)				★	●	●	●
シリーズ３９　図形 面積　上　新装版	面積の意味・正方形・長方形・平行四辺形・三角形 ISBN978-4-86712-139-9 本体 600 円 (税別)				●	★	●	●
シリーズ４０　図形 面積　下　新装版	台形・ひし形・たこ形。面積から長さを求める。 ISBN978-4-86712-140-5 本体 600 円 (税別)				●	★	●	●
シリーズ４１　数量関係 比の基礎　新装版	比の意味から、比例式・比例配分・連比等の練習 ISBN978-4-86712-141-2 本体 600 円 (税別)					●	★	●
シリーズ４２　図形 面積　応用編１	等積変形や底辺の比と面積比の関係などを学習します。 ISBN978-4-901705-96-7 本体 500 円 (税別)					●	★	●
シリーズ４３　計算 逆算の特訓　上　新装版	１から３ステップの逆算を整数範囲で学習します。 ISBN978-4-86712-143-6 本体 600 円 (税別)			●	★	●	●	●
シリーズ４４　計算 逆算の特訓　下　新装版	あまりのあるわり算の逆算、分数範囲の逆算等を学習。 ISBN978-4-86712-144-3 本体 600 円 (税別)					●	★	●
シリーズ４５ どっかいざん２　新装版	問題の書きかたの難しい文章題。たしざんひきざん範囲。 ISBN978-4-86712-145-0 本体 600 円 (税別)	●	★	●	●			
シリーズ４６　図形 体積　上　新装版	体積の意味・立方体・直方体・○柱・○錐の体積の求め方まで。 ISBN978-86712-146-7 本体 600 円 (税別)				●	★	●	●
シリーズ４７　図形 体積　下　容積	容積、不規則な形のものの体積、容器に入る水の体積 ISBN978-4-86712-047-7 本体 500 円 (税別)				●	★	●	●
シリーズ４８　文章題 通過算	鉄橋の通過、列車同士のすれちがい、追い越しなどの問題。 ISBN978-4-86712-048-4 本体 500 円 (税別)					●	★	●
シリーズ４９　文章題 流水算	川を上る船、下る船、船の行き交いに関する問題。 ISBN978-4-86712-049-1 本体 500 円 (税別)					●	★	●
シリーズ５０　数の性質３ 倍数・約数の応用１　新装版	倍数・約数とあまりとの関係に関する問題・応用１ ISBN978-4-86712-150-4 本体 600 円 (税別)					●	★	●
シリーズ５１　数の性質４ 倍数・約数の応用２　新装版	公倍数・公約数とあまりとの関係に関する問題・応用２ ISBN978-4-86712-151-1 本体 600 円 (税別)					●	★	●
シリーズ５２ 面積図１	面積図の考え方・平均算・つるかめ算 ISBN978-4-86712-052-1 本体 500 円 (税別)					●	★	●
シリーズ５３ 面積図２	差集め算・過不足算・濃度・個数が逆 ISBN978-4-86712-053-8 本体 500 円 (税別)					●	★	●
シリーズ５４ ひょうでとくもんだい	つるかめ算・差集め算・過不足算を表を使って解く ISBN978-4-86712-154-2 本体 600 円 (税別)	●	★	●	●			
シリーズ５５ 等しく分ける	数の大小関係、倍の関係、均等に分ける、数直線の基礎 ISBN978-4-86712-155-9 本体 600 円 (税別)	●	●	★	●			
シリーズ５６　7/25 新発売！ 約数特訓	１～100 および 360 の約数を、かけ算のペアにして覚えます。 ISBN978-4-86712-156-6 本体 600 円 (税別)		●	★	●	●	●	

サイパー®国語読解の特訓シリーズ

		対象学年 小1	小2	小3	小4	小5	小6	受験
シリーズ一 文の組み立て特訓　新装版	修飾・被修飾の関係をくり返し練習します。 ISBN978-4-86712-201-3 本体 600 円 (税別)				●	★	●	●
シリーズ三 指示語の特訓　上　新装版	指示語がしめす内容を正確にとらえる練習をします。 ISBN978-4-86712-203-7 本体 600 円 (税別)				●	★	●	●
シリーズ四 指示語の特訓　下　新装版	指示語上の応用編です。長文での練習をします。 ISBN978-4-86712-204-4 本体 600 円 (税別)					●	★	●
シリーズ五　こくごどっかいの とっくん　小１レベル　新装版	ひらがなとカタカナ・文節にわける・文のかきかえなど ISBN978-4-86712-205-1 本体 600 円 (税別)	★	●					
シリーズ六 こくごどっかいのとっくん・小2レベル・	文の並べかえ・かきかえ・こそあど言葉・助詞の使い方 ISBN978-4-901705-55-4 本体 500 円 (税別)		★	●				
シリーズ七 語彙（ごい）の特訓　甲	文字を並べかえるパズルをして語彙を増やします。 ISBN978-4-901705-56-1 本体 500 円 (税別)			★	●	●		

サイパー® 国語読解の特訓シリーズ

シリーズ	内容	小1	小2	小3	小4	小5	小6	受験
シリーズ 八 語彙（ごい）の特訓　乙	甲より難しい内容の形容詞・形容動詞を扱います。 ISBN978-4-901705-57-8 本体 500 円 (税別)				★	●	●	
シリーズ 九 読書の特訓　甲	芥川龍之介の「鼻」。助詞・接続語の練習。 ISBN978-4-901705-58-5 本体 500 円 (税別)				●	★	●	●
シリーズ 十 読書の特訓　乙	有島武郎の「一房の葡萄」。助詞・接続語の練習。 ISBN978-4-901705-59-2 本体 500 円 (税別)				●	★	●	●
シリーズ 十一 作文の特訓　甲	間違った文・分かりにくい文を訂正して作文を学びます。 ISBN978-4-901705-60-8 本体 500 円 (税別)				●	★	●	●
シリーズ 十二 作文の特訓　乙	敬語や副詞の呼応など言葉のきまりを学習します。 ISBN978-4-901705-61-5 本体 500 円 (税別)					●	★	●
シリーズ 十三 読書の特訓　丙	宮沢賢治の「オツベルと象」。助詞・接続語の練習。 ISBN978-4-901705-62-2 本体 500 円 (税別)				●	★	●	●
シリーズ 十四 読書の特訓　丁	森鴎外の「高瀬舟」。助詞・接続語の練習。 ISBN978-4-901705-63-9 本体 500 円 (税別)					●	★	●
シリーズ 十五 文の書きかえ特訓　新装版	体言止め・～こと・受身・自動詞 / 他動詞の書きかえ。 ISBN978-4-86712-215-0 本体 600 円 (税別)			●	★	●	●	
シリーズ 十六 新・文の並べかえ特訓　上	文節を並べかえて正しい文を作る。２～４文節、初級編 ISBN978-4-901705-65-3 本体 500 円 (税別)	●	★	●				
シリーズ 十七 新・文の並べかえ特訓　中	文節を並べかえて正しい文を作る。４文節、中級編 ISBN978-4-901705-66-0 本体 500 円 (税別)			●	★	●		
シリーズ 十八 新・文の並べかえ特訓　下	文節を並べかえて正しい文を作る。４文節以上、一般向き ISBN978-4-901705-67-7 本体 500 円 (税別)					●	★	●
シリーズ 十九 論理の特訓　甲	論理的思考の基礎を言葉を使って学習。入門編 ISBN978-4-901705-68-4 本体 500 円 (税別)			●	★	●	●	●
シリーズ 二十 論理の特訓　乙	論理的思考の基礎を言葉を使って学習。応用編 ISBN978-4-901705-69-1 本体 500 円 (税別)				●	★	●	●
シリーズ 二十一 かんじパズル　甲	パズルでたのしくかんじをおぼえよう。1,2 年配当漢字 ISBN978-4-901705-85-1 本体 500 円 (税別)	●	★	●	●	●	●	●
シリーズ 二十二 漢字パズル　乙	パズルで楽しく漢字を覚えよう。3,4 年配当漢字 ISBN978-4-901705-86-8 本体 500 円 (税別)			●	★	●	●	●
シリーズ 二十三 漢字パズル　丙	パズルで楽しく漢字を覚えよう。5,6 年配当漢字 ISBN978-4-901705-87-5 本体 500 円 (税別)					●	★	●
シリーズ 二十四 敬語の特訓　新装版	正しい敬語の使い方。教養としての敬語。 ISBN978-4-86712-224-2 本体 600 円 (税別)			●	★	●	●	●
シリーズ 二十六 つづりかえの特訓　乙	単語のつづり・多様な知識を身につけよう。 ISBN978-4-901705-77-6 本体 500 円 (税別) （同「甲」は絶版）					●	★	●
シリーズ 二十七 要約の特訓　上　新装版	楽しく文章を書きます。読解と要約の特訓。 ISBN978-4-86712-227-3 本体 600 円 (税別)			●	★	●	●	●
シリーズ 二十八 要約の特訓　中　新装版	楽しく文章を書きます。読解と要約の特訓。上の続き。 ISBN978-4-86712-228-0 本体 600 円 (税別)				●	★	●	●
シリーズ 二十九　文の組み立て特訓 主語・述語専科　新装版	主語・述語の関係の特訓、文の構造を理解する。 ISBN978-4-86712-229-7 本体 600 円 (税別)				●	★	●	●
シリーズ 三十　文の組み立て特訓 修飾・被修飾専科　新装版	修飾・被修飾の関係の特訓、文の構造を理解する。 ISBN978-4-86712-230-3 本体 600 円 (税別)				●	★	●	●
シリーズ 三十一 文法の特訓　名詞編	名詞とは何か。名詞の分類を学習します。 ISBN978-4-901705-45-5 本体 500 円 (税別)				●	★	●	●
シリーズ 三十二 文法の特訓　動詞編　上　新装版	五段活用、上一段活用、下一段活用を学習します。 ISBN978-4-86712-232-7 本体 600 円 (税別)				●	●	★	●
シリーズ 三十三 文法の特訓　動詞編　下	カ行変格活用、サ行変格活用と動詞の応用を学習します。 ISBN978-4-901705-47-9 本体 500 円 (税別)				●	●	★	●
シリーズ 三十四 文法の特訓　形容詞・形容動詞編	形容詞と形容動詞の役割と意味　活用・難しい判別　総合 ISBN978-4-901705-48-6 本体 500 円 (税別)				●	●	★	●
シリーズ 三十五 文法の特訓　副詞・連体詞編	副詞・連体詞の役割と意味　呼応　犠牲・擬態語　総合 ISBN978-4-901705-49-3 本体 500 円 (税別)				●	●	★	●
シリーズ 三十六　文法の特訓 助動詞・助詞編　新装版	助動詞・助詞の役割と意味　助動詞の活用　総合 ISBN978-4-86712-236-5 本体 600 円 (税別)				●	●	★	●
シリーズ 三十七 要約の特訓　下　実践編　新装版	楽しく文章を書きます。シリーズ 27,28 の続きで完結編 ISBN978-4-86712-237-2 本体 600 円 (税別)					●	★	●
シリーズ 三十八 十回音読と音読書写　甲	これだけで国語力ＵＰ。音読と書写の毎日訓練。「ロシアのおとぎ話」ISBN978-4-901705-73-8 本体 500 円 (税別)			●	★	●	●	
シリーズ 三十九 十回音読と音読書写　乙	これだけで国語力ＵＰ。音読と書写の毎日訓練。「ごんぎつね」 ISBN978-4-901705-74-5 本体 500 円 (税別)			●	★	●	●	
シリーズ 四十 一回黙読と（かっこ）要約　甲	（　）を埋めて要約することで、文の精読の訓練ができます ISBN978-4-901705-84-4 本体 500 円 (税別)				●	★	●	●
シリーズ 四十一 一回黙読と（かっこ）要約　乙	（　）を埋めて要約することで、文の精読の訓練ができます ISBN978-4-901705-91-2 本体 500 円 (税別)				●	★	●	●

※「新装版」について。問題・解答など、本文内容は旧版と同じものです。

サイパー®シリーズ：日本を知る社会・仕組みが分かる理科		対象年齢
社会シリーズ１ 日本史人名一問一答　新装版	難関中学受験向けの問題集。５０６問のすべてに選択肢つき。 ISBN978-4-86712-031-6 本体 600 円（税別）	小６以上 中学生も可
理科シリーズ１ 電気の特訓　新装版	水路のイメージから電気回路の仕組みを理解します。 ISBN978-4-86712-001-9 本体 600 円（税別）	小６以上 中学生も可
理科シリーズ２ てこの基礎　上　新装版	支点・力点・作用点から　重さのあるてこのつり合いまで。 ISBN978-4-86712-002-6 本体 600 円（税別）	小６以上 中学生も可
理科シリーズ３ てこの基礎　下	上下の力のつり合い、４つ以上の力のつりあい、比で解くなど。 ISBN978-4-901705-82-0 本体 500 円（税別）	小６以上 中学生も可
学習能力育成シリーズ		対象年齢
新・中学受験は自宅でできる -学習塾とうまくつきあう法-	塾の長所短所、教え込むことの弊害、学習能力の伸ばし方 ISBN978-4-901705-92-9 本体 800 円（税別）	保護者
中学受験は自宅でできるⅡ お母さんが高める子どもの能力	栄養・睡眠・遊び・しつけと学習能力の関係を説明 ISBN978-4-901705-98-1 本体 500 円（税別）	保護者
中学受験は自宅でできるⅢ マインドフルネス学習法®	マインドフルネスの成り立ちから学習への応用をわかりやすく説明 ISBN978-4-901705-99-8 本体 500 円（税別）	保護者
認知工学の新書シリーズ		対象年齢
講師の ひとり思う事　独断	「進学塾不要論」の著者・水島酔の日々のエッセイ集 ISBN978-4-901705-94-3 本体 1000 円（税別）	一般成人

書籍等の内容に関するお問い合わせは　㈱認知工学　まで
直接のご注文で 5,000 円（税別）未満の場合は、送料等 800 円がかかります。

TEL : 075-256-7723（平日 10 時～ 16 時）　FAX : 075-256-7724　email : ninchi@sch.jp
〒 604-8155 京都市中京区錦小路通烏丸西入る占出山町３０８ ヤマチュウビル５Ｆ

M.access（エム・アクセス）の通信指導と教室指導

M.access（エム・アクセス）は、㈱認知工学の教育部門です。ご興味のある方はご請求下さい。お名前、ご住所、電話番号等のご連絡先を明記の上、ＦＡＸまたは e-mail にて、資料請求をしてください。e-mail の件名に「資料請求」と表示してください。教室は京都市本社所在地（上記）のみです。

FAX 075-256-7724　　TEL 075-256-7739（平日 10 時～ 16 時）
e-mail : maccess@sch.jp　HP : http://maccess.sch.jp

直販限定書籍、CD　以下の商品は学参書店のみでの販売です。一般書店ではご注文になれません。
CD についてはデータ配信もしております。アマゾン・iTuneStore でお求めください。

直販限定商品	内　容	本体 / 税別
超・植木算１ 難関中学向け	植木算の超難問に、細かいステップを踏んだ説明と解説をつけました。小学高学年向き。 問題・解説合わせて７４頁です。自学自習教材です。	２２２０円
超・植木算２ 難関中学向け	植木算の超難問に、細かいステップを踏んだ説明と解説をつけました。小学高学年向き。 問題・解説合わせて 117 頁です。自学自習教材です。	３５１０円
読解算 α 中高生向け	好評「どっかい算」「どっかい算２」の続編。漢字、言葉の使い方などを中高生以上に想定。 既刊「どっかい算」との共通問題が７０題、新たに作成したハイレベルの問題が２０題。	７００円
日本史人物１８０撰 音楽ＣＤ	歴史上の 180 人の人物名を覚えます。その関連事項を聞いたあとに人物名を答える形式で歌っています。ラップ調です。　約５２分	１５００円
日本地理「川と平野」 音楽ＣＤ	全国の主な川と平野を聞きなれたメロディーに乗せて歌っています。カラオケで答の部分が言えるかどうかでチェックできます。　約４５分	１５００円
九九セット 音楽ＣＤ	たし算とひき算をかけ算九九と同じように歌で覚えます。基礎計算を速くするための方法です。かけ算九九の歌も入っています。カラオケ付き。約３０分	１５００円
約数特訓の歌 音楽ＣＤ データ配信のみ	１～１００までと３６０の約数を全て歌で覚えます。６は１かけ６、２かけ３と歌っています。ラップ調の歌です。カラオケ付き。　約３５分	配信先参照

学参書店（http://gakusanshoten.jpn.org/）のみ限定販売　３０００円（税別）未満は送料 800 円
認知工学（http://ninchi.sch.jp）にてサンプルの試読、ＣＤの試聴ができます。

2025. 7.25

解　答

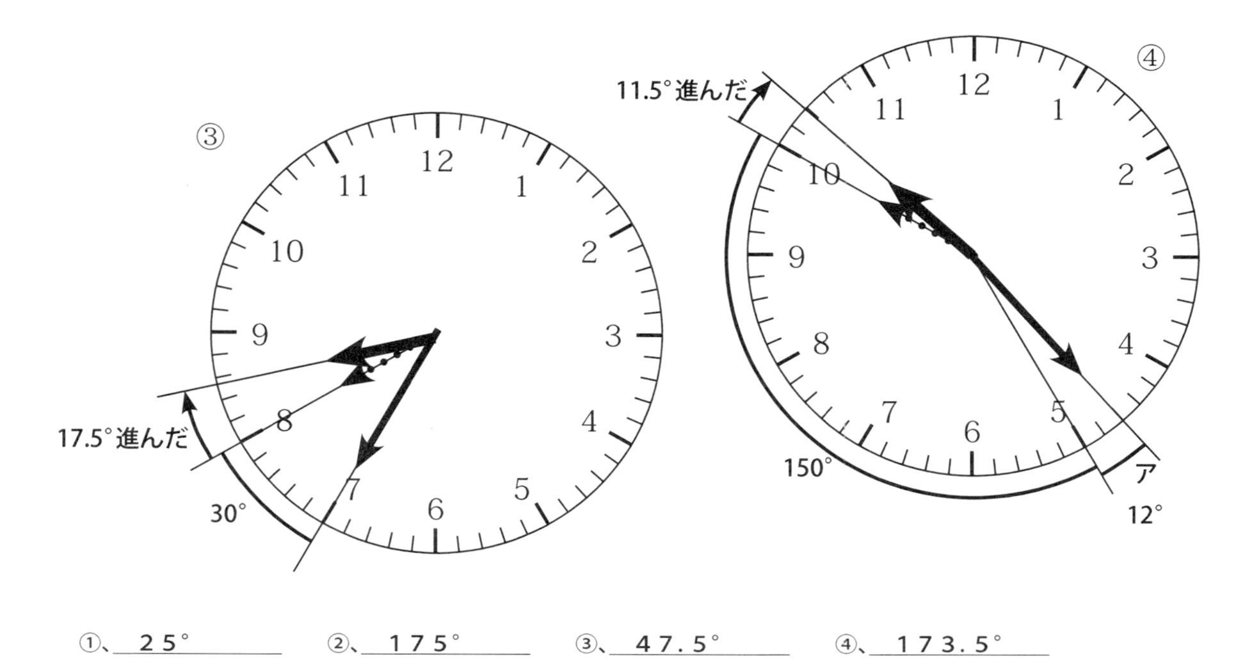

①、　２５°　　②、　１７５°　　③、　４７．５°　　④、　１７３．５°

テスト５

①、　９０°　　②、　１５０°　　③、　１８０°　　④、　１２０°

⑤、　３０°　　⑥、　０°

⑦　０．５°×１５分＝７．５°…短針の動いた角度　　文字盤の「1」から「3」までは６０°

６０°－７．５°＝５２．５°

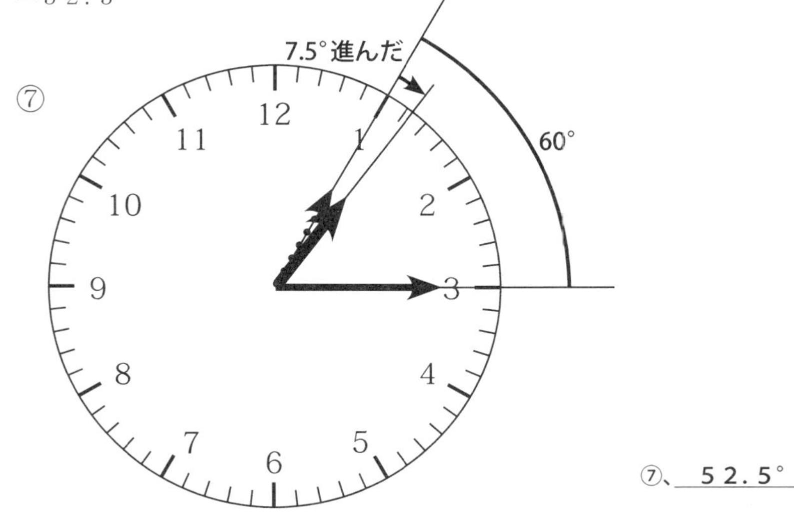

⑦、　５２．５°

解　答

⑧　０．５°×４５分＝２２．５°…短針の動いた角度　　文字盤の「3」から「9」までは１８０°

１８０°－２２．５°＝１５７．５°

⑨　０．５°×１０分＝５°…短針の動いた角度　　文字盤の「2」から「5」までは９０°

９０°＋５°＝９５°

⑩　０．５°×５０分＝２５°…短針の動いた角度　　文字盤の「7」から「１０」までは９０°

９０°－２５°＝６５°

⑧、１５７．５°

⑨、９５°

⑩、６５°

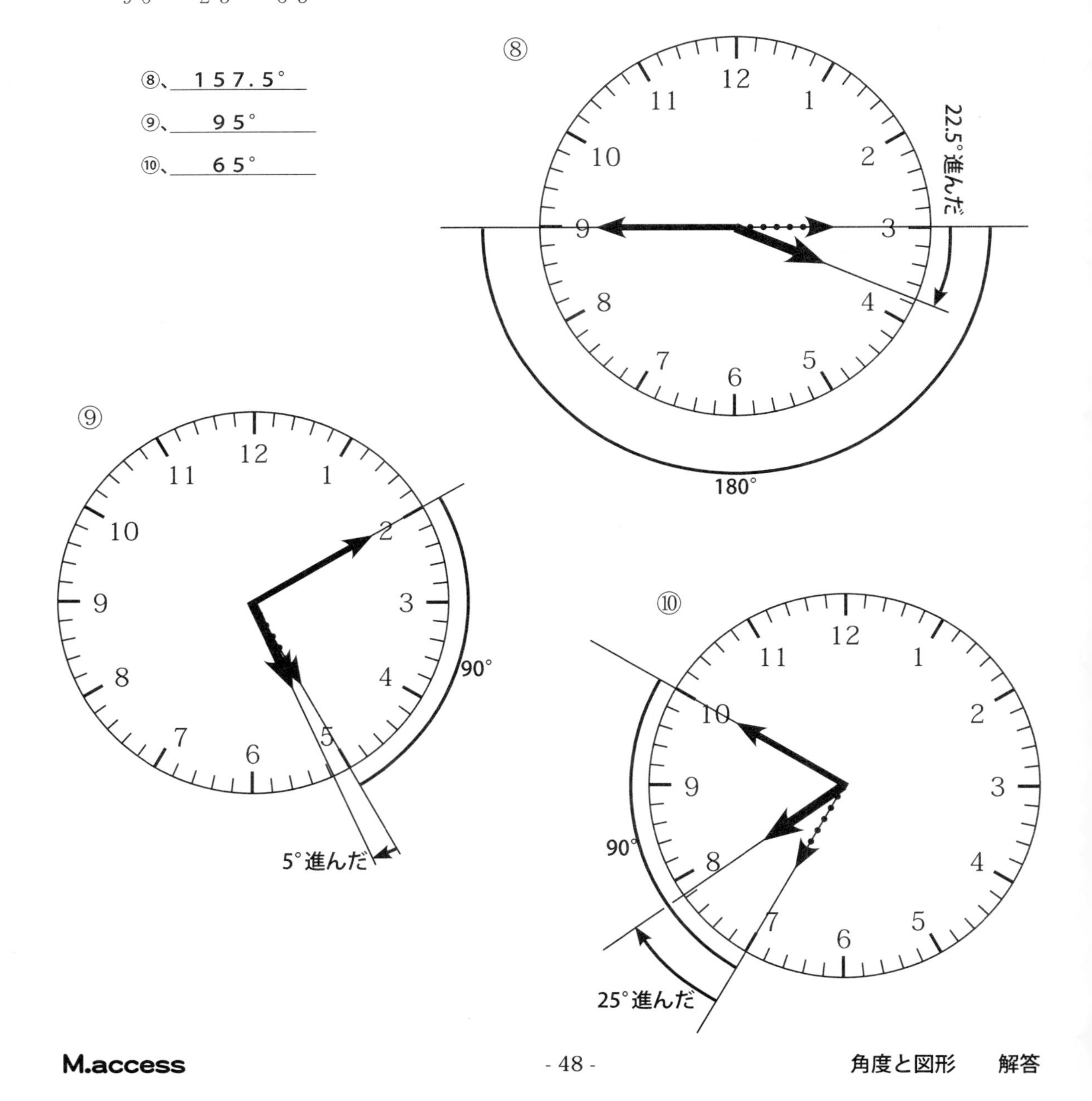

解　答

⑪　０．５°×３０分＝１５°…短針の動いた角度

⑫　０．５°×５分＝２．５°…短針の動いた角度　　文字盤の「8」から「1」まで１５０°

１５０°－２．５°＝１４７．５°

⑬　０．５°×２５分＝１２．５°…短針の動いた角度　　文字盤の「5」から「１０」までは１５０°

１５０°＋１２．５°＝１６２．５°

⑭　０．５°×５５分＝２７．５°…短針の動いた角度　　文字盤の「１１」から「2」まで９０°

９０°＋２７．５°＝１１７．５°

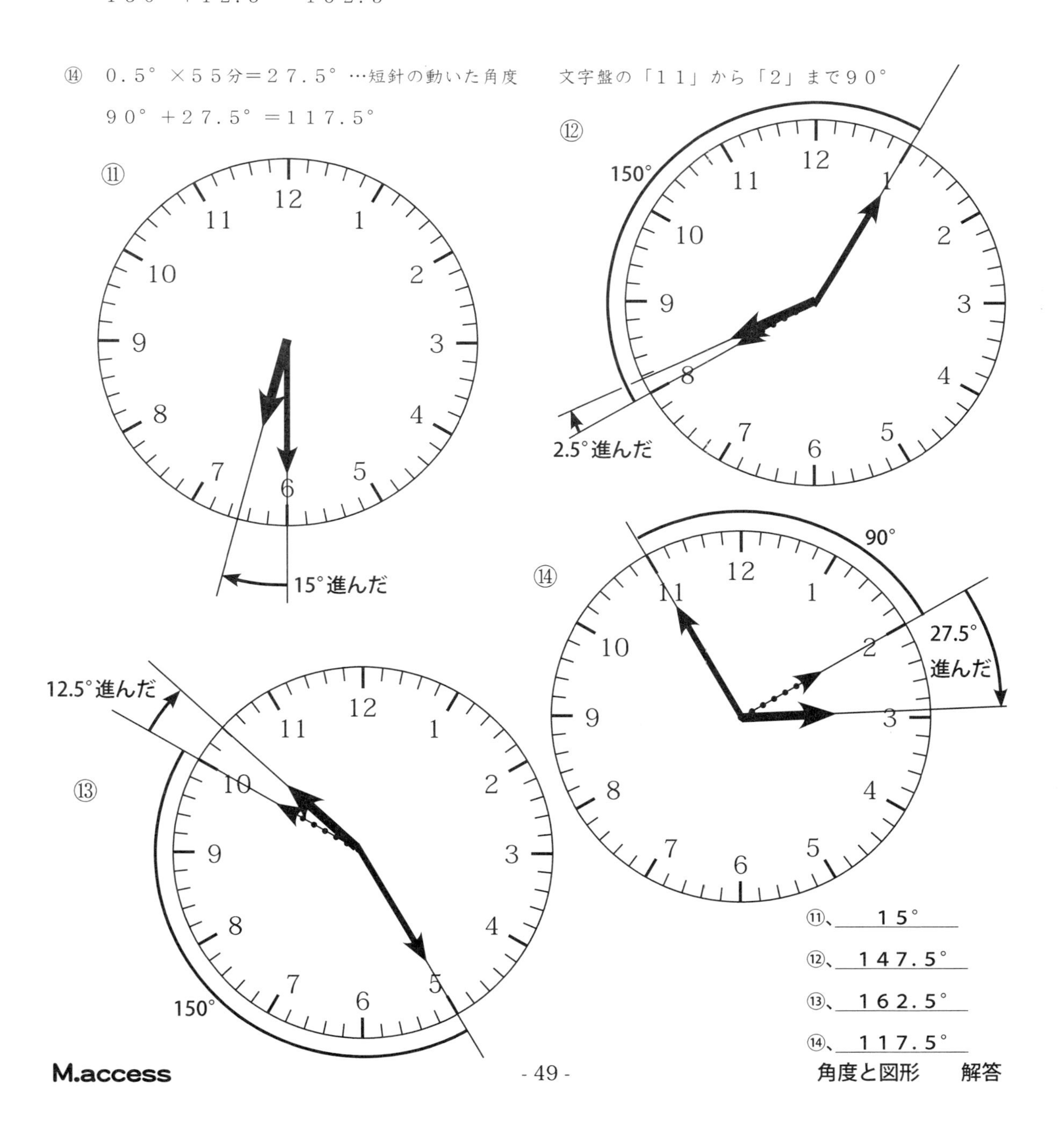

⑪、　１５°

⑫、　１４７．５°

⑬、　１６２．５°

⑭、　１１７．５°

解　答

⑮　０．５°×５分＝２．５°…短針の動いた角度　　文字盤の「１」から「４」まで９０°

９０°＋２．５°＝９２．５°

⑯　０．５°×１８分＝９°…短針の動いた角度　　６°×２分＝１２°…アの部分

文字盤の「4」から「9」までは１５０°　　１５０°＋９°＋１２°＝１７１°

⑰　０．５°×３３分＝１６．５°…短針の動いた角度　　６°×２分＝１２°…イの部分

文字盤の「7」から「１１」までは１２０°　　１２０°＋１６．５°＋１２°＝１４８．５°

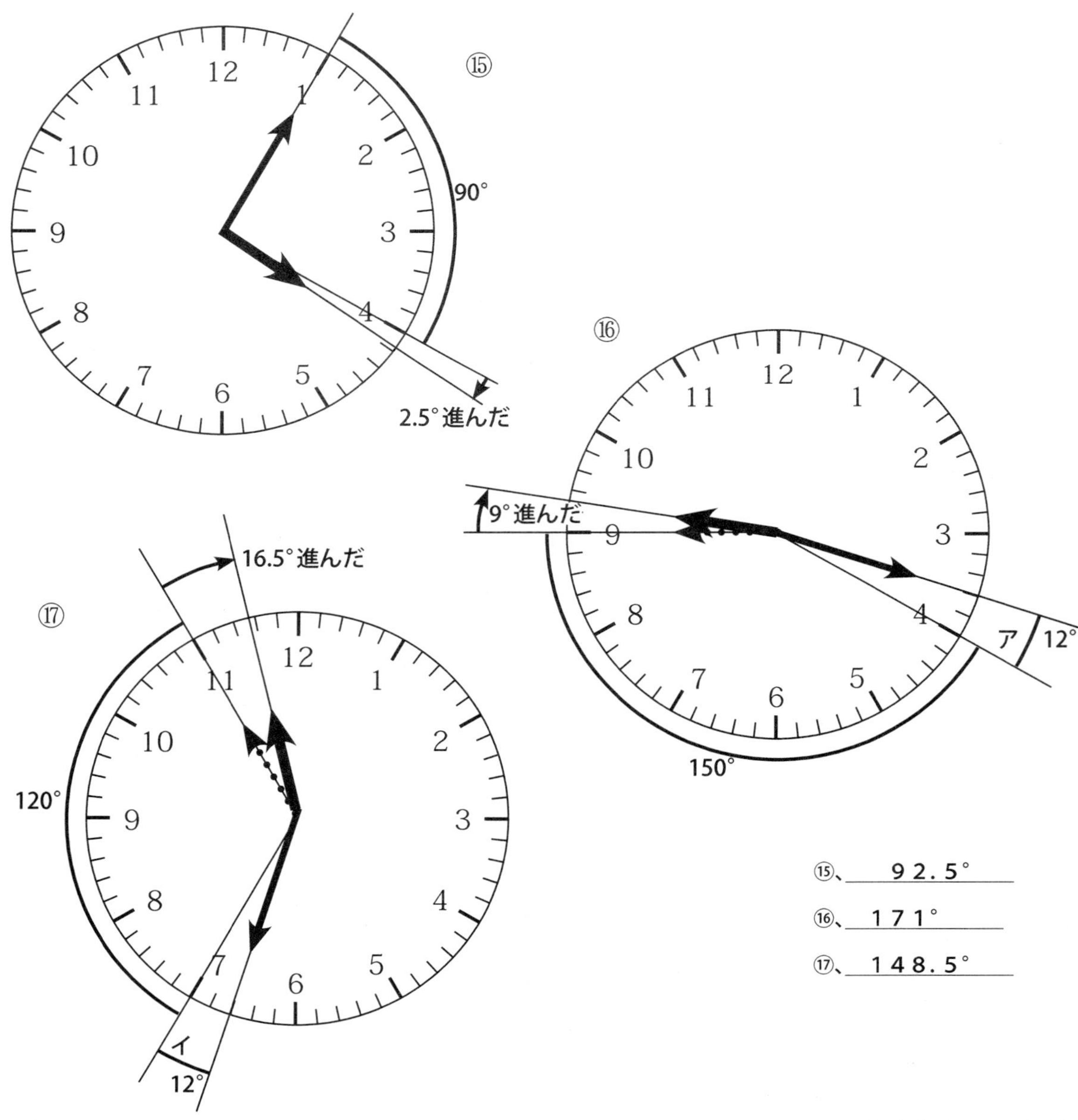

解　答

⑱　０．５°×４１分＝２０．５°…短針の動いた角度　　６°×１分＝６°…アの部分

文字盤の「8」から「１２」までは１２０°　　１２０°＋２０．５°－６°＝１３４．５°

⑲　０．５°×４９分＝２４．５°…短針の動いた角度　　６°×１分＝６°…イの部分

文字盤の「１０」から「1」までは９０°　　９０°＋２４．５°＋６°＝１２０．５°

⑳　０．５°×４７分＝２３．５°…短針の動いた角度　　６°×３分＝１８°…ウの部分

文字盤の「8」から「１０」までは６０°　　６０°－２３．５°－１８°＝１８．５°

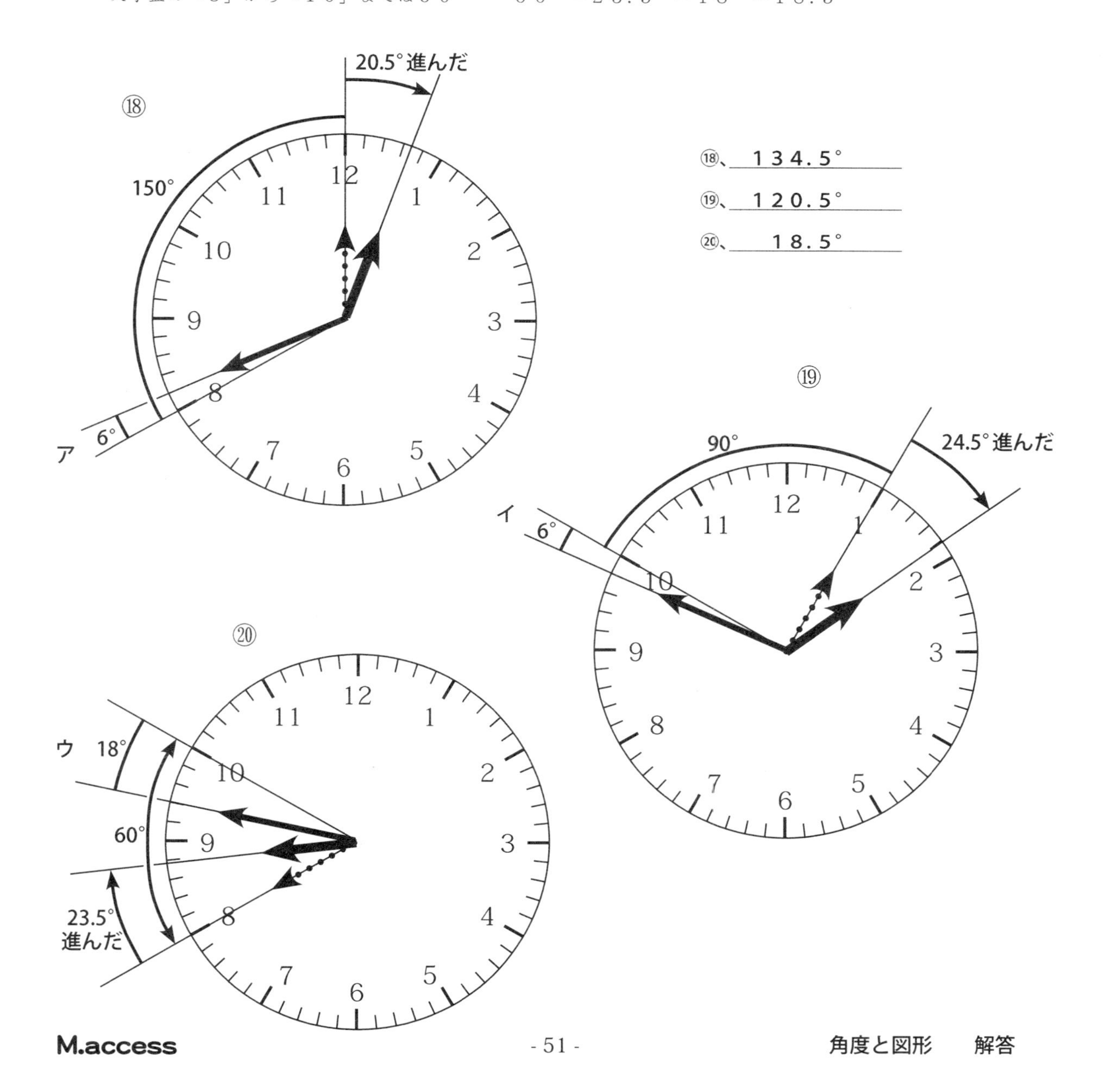

M.acceess　学びの理念

☆学びたいという気持ちが大切です
勉強を強制されていると感じているのではなく、心から学びたいと思っていることが、子どもを伸ばします。

☆意味を理解し納得する事が学びです
たとえば、公式を丸暗記して当てはめて解くのは正しい姿勢ではありません。意味を理解し納得するまで考えることが本当の学習です。

☆学びには生きた経験が必要です
家の手伝い、スポーツ、友人関係、近所付き合いや学校生活もしっかりできて、「学び」の姿勢は育ちます。
生きた経験を伴いながら、学びたいという心を持ち、意味を理解、納得する学習をすれば、負担を感じるほどの多くの問題をこなさずとも、子どもたちはそれぞれの目標を達成することができます。

発刊のことば

「生きてゆく」ということは、道のない道を歩いて行くようなものです。「答」のない問題を解くようなものです。今まで人はみんなそれぞれ道のない道を歩き、「答」のない問題を解いてきました。
子どもたちの未来にも、定まった「答」はありません。もちろん「解き方」や「公式」もありません。
私たちの後を継いで世界の明日を支えてゆく彼らにもっとも必要な、そして今、社会でもっとも求められている力は、この「解き方」も「公式」も「答」すらもない問題を解いてゆく力ではないでしょうか。
人間のはるかに及ばない、素晴らしい速さで計算を行うコンピューターでさえ、「解き方」のない問題を解く力はありません。特にこれからの人間に求められているのは、「解き方」も「公式」も「答」もない問題を解いてゆく力であると、私たちは確信しています。
M.access の教材が、これからの社会を支え、新しい世界を創造してゆく子どもたちの成長に、少しでも役立つことを願ってやみません。

思考力算数練習帳シリーズ３８
角度の基礎　新装版　（内容は旧版と同じものです）

新装版　第１刷
編集者　M.access（エム・アクセス）
発行所　株式会社　認知工学
〒６０４—８１５５　京都市中京区錦小路烏丸西入ル占出山町 308
電話　（０７５）２５６—７７２３　　email : ninchi@sch.jp
郵便振替　０１０８０－９－１９３６２　株式会社認知工学

ISBN978-4-86712-138-2　C-6341　　A38160124L

定価＝ 本体６００円 ＋税